在当下一些最受欢迎的鸡尾酒中，金酒是当之无愧的主角。历史悠久而独具特色的金酒，是调制鸡尾酒必不可少的原料。在两位杰出的烈酒专家戴维德·泰尔齐奥蒂（David Terziotti）和维托里奥·达尔贝托（Vittorio D'Alberto）的详细讲解下，本书将带您畅游金酒的世界。在这里，您将了解到那段关于杜松子味金酒的动人心魄的历史，深入探索金酒从起源到20世纪90年代重获新生的历程，以及金酒新的市场走向。此外，本书还向您展示了金酒不同的生产方法，重点介绍了各种蒸馏器和历史上沿用至今的主要植物原料（芳香草药），还有新成分和新口味的流行趋势。本书列举了如今市面上最具代表性的32种金酒，并在说明中描述了每种酒的特征、香味及酒中主要的植物原料。

每一种酒的说明中均配有一份特色金酒鸡尾酒的配方。本书的最后一部分还介绍了一系列以金酒为基酒的经典鸡尾酒或是创意鸡尾酒，同时附上了调制所需的一切说明。

金酒

历史，趣闻，潮流，鸡尾酒

［意］戴维德·泰尔齐奥蒂　［意］维托里奥·达尔贝托　著
［意］法比奥·佩特罗尼　摄影
李祥睿　周倩　陈洪华　译

中国纺织出版社有限公司

文　字——戴维德·泰尔齐奥蒂
维托里奥·达尔贝托
摄　影——法比奥·佩特罗尼
鸡尾酒——埃卡特里娜·罗维诺娃

目录

العصب وسلح العضل و
الفسو واوجاع الارحام ه

لوانى وهو الابهل

ومن الناس من يسميه انثوطون وهو صنفان احدهما يشبه ورقه ورق السرو وهو
اكثر شوكا من غيره من الابهل كريه الرائحه وهى تذهب فى العرض اكثر منها فى الطول
ومن الناس من يستعمل ورقها
بدل البخور والصنف الاخر
ورقه شبيه بورق الطرفا
وورق كلى الصنفين يمنع
سعى القروح الخبيثه ويسكن
اكله والاورام الحاره و
اذا تضمد به نقى سواد الجلد
او ساخه التى تعرض من فضول
البدن و....
اللحم واذا شرب ابال الدم
سقط الجنين واذا احتمل
... فعل ذلك وقد
... فى اخلاط الادهان
المسخنه وخاصه فى اخلاط دهن عصير العنب

引 言

许多酒精饮料最初因其中添加的草药和香料而被用作治病的药物。同其他的饮料和食品一样，金酒的传奇故事中也充满了成功、失败和东山再起的情节，其中还包括各种意外事件。纵观金酒的整个发展历程，金酒与自古以来便可作药用的杜松子有着千丝万缕的联系。古埃及人在《埃伯斯纸草文稿》（*the Ebers Papyrus*）中提到过杜松子可治疗黄疸。伟大的希腊医生佩达尼奥斯·狄奥斯科里斯（Pedanius Dioscorides）曾为尼禄皇家军队服务，他建议在葡萄酒中加入杜松子来治疗肺病和支气管疾病。老普利尼（Pliny the Elder）在《博物志》中对杜松子在各种制剂中的作用，特别是与葡萄酒混合之后的作用大加赞赏。医学学者萨勒尼塔纳（Salernitana）在公元1000年左右写过一本著作，后来被译成韵律优美的白话文。书中写道："杜松子，价格合理，浆果无毒，以此制药，安全可靠。"即使在科学革命达到鼎盛时期的17世纪，杜松子也曾多次出现在尼古拉斯·莱默里（Nicolas Lémery）编著的《万国药典》（*Universal Pharmacopoeia*）中，称其通常与烈酒混合使用。

P4 · 名医迪佩达尼奥斯 · 狄奥斯科里斯所著的《药物论》
阿拉伯语版中的杜松子树图片。

当我们说起金酒或是它的历史时，其实都在谈论金酒的故事，谈论它长达几个世纪并且仍在进行中的演变历程。金酒与其他烈酒的不同之处在于它独特的功能：可当作一种媒介或是一种工具。尽管历经几个世纪的发展，人们发现了金酒的药用价值以及金酒在鸡尾酒调制中的重要作用，但是“纯”饮金酒的“创造性喝法”直到近几年才被市场关注。

在深入了解这些引人入胜的故事之前，我们要先明确几件事情：首先，我们如今熟知的荷兰金酒（Genever）虽在金酒的历史和演变中扮演着重要的角色，但是本书对它的讨论只会一带而过。其次，本书将介绍所有用来进行金酒调味的植物药材，例如柑橘类水果、香料和草药等，这些介绍也许仍需完善。在各种金酒的详细说明部分，本书从上百种参考数据中选择了必要的30个标签，包括酒的品种、生产方法、感官特征、历史和地理因素等。最后，本书推荐的鸡尾酒是从经典鸡尾酒中获取灵感，并融入现代的理念加以诠释，其中的一部分经典鸡尾酒自19世纪混合鸡尾酒问世便已存在。

P6 · 16世纪老普利尼（Pliny the Elder）所著的《博物志》（*Naturalis Historia*）副本中一个酒桶的微型复制图。

金酒的历史

金酒是一种烈酒，起源于贾比尔·伊本·哈扬（Jabir ibn Hayyan）炼金术著作中的炼金术和宗教概念（在拉丁语中贾比尔又称Geber）。金酒在8世纪末这个探索与动荡交织的年代中初登历史舞台，首次出现在贾比尔·伊本·哈扬的著作中，分馏法便是在这个时候诞生于波斯。分馏法的关键步骤由炼金术演变而来，这在过去是一种秘术，但贾比尔让它走向了世界。尽管蒸馏很可能是在古印度次大陆上或是因其他的用途被发现的，但这本被译成多种语言的著作以接近当今人们认知的方式传播了蒸馏的方法以及蒸馏设备。通过蒸馏获得了神奇的烈酒，这为当时的探索者们创造了无限的可能，而制药便是烈酒的最终用途。有关疾病的理论主要源于希波克拉底和盖伦的体液学说，根据这一理论，药物和食品的存在都是为了平衡人体内的四种基本体液，从而保证体质的正常。文艺复兴时期的食品大多基于这一理论，因此那些被认为能够刺激体内“热情体液”的香料大受追捧。君士坦丁堡沦陷后，这些珍贵原料的陆运受阻，因而人们的追捧对推动大型航运公司的发展起到了决定性的作用。

P9·佛罗伦萨市劳伦提安图书馆中收藏的手稿中贾比尔·伊本·哈扬的画像。

lutio fit: tertium
materia lapidis:
phus:
Deus et
natura nō
faciunt frusta:
RIOVRABETI

直到17世纪，体液学说才在多种学科中受到抵制，并随着科学方法的普及而逐渐过时。植物杜松具有宝贵的应用价值，除了浆果可以入药，杜松木还可用来制造箱子和桶，这些箱子和桶被广泛应用于传统香脂醋的生产中。杜松与烈酒在其他方面也有许多关联：非法酿酒商喜欢用杜松木作燃料，因为它燃烧时热值高而且无烟，不会引起税务检查人员的怀疑。但是，金酒在经历了很长一段时间的历史变革后，才成为了如今人们喜爱的饮品。

第一个杜松子蒸馏酒可能来自意大利：当时在意大利有一个重要的医学院——萨莱诺医学院（Schola Medica Salernitana），这个医学院建于11世纪，是中世纪最重要的医疗机构。由于它与阿拉伯国家的密切来往，使得蒸馏法流入萨莱诺，对推动蒸馏法在西方的传播起到了关键的作用。第一个记录在册的杜松子味饮料——可以称作原始金酒，实际上产自萨莱诺。大约在公元1000年，为了将当地遍布的杜松子中的诸多有益成分融入酒中，居住在萨莱诺的本笃会修道士试图蒸馏出一种与杜松子混合的烈酒，这些修道士也许是第一批通过培育植物园来提取植物活性成分的人。萨莱诺医学院的记载中提到，杜松子膏油可用来治疗三日热，这种热病每隔三天复发一次，是一种典型的疟疾。自那时起，疟疾便与金酒的历史密不可分。

大部分酒精饮料的基本原料都是葡萄，最终酿制出的产品也极有可能与杜松子酒的香气相近，但故事的关键在于：杜松子被添入烈酒中，经过仪器的加工传播，穿过历史的长河，历经磨难与荣耀，终于来到了当下。

在这段旅程中，它遇到了一种几乎被后人遗忘的杜松：腓尼基杜松，这种杜松生长在意大利南部和撒丁岛，香味虽与其他杜松不同，但药用特征一致。

地理之旅的开端

金酒的故事以杜松子蒸馏酒为开端，在公元1000年左右的地中海地区拉开了帷幕，后蒸馏酒的发展逐渐北移，在那里正式成型并不断被改良。这次的北移略带悲剧色彩，因为金酒的历史与横行整个欧洲的瘟疫交织在一起。1348年的黑死病使欧洲人口减少了至少1/3，在历史上留下了深刻烙印。

14世纪手稿中图片的微型复制图，图中萨莱诺医学院的医生正在为在战争中受了伤的诺曼底公爵罗伯特二世治疗。

佛兰芒炼金术士对杜松子也是高唱赞歌。13世纪的伟大诗人雅各布·范·梅兰特（Jacob van Maerlant）在其作品《自然布鲁姆》（*De Naturen Bloeme*）中建议将杜松子用于各种制剂中，比如将葡萄酒中加上杜松子煮沸后饮用来缓解胃部的不适，或是将杜松子作为药物来对抗肆意横行的黑死病。医生开始意识到疾病的传染性，确信瘟疫藏匿在空气中，于是他们决定利用杜松强烈的芳香气味来熏蒸房间。这一举动是在习惯和经验之间做出的尝试。随着杜松香薰和杜松子蒸馏酒的推广，金酒传播到了荷兰。1351年，约翰内斯·德埃尔（Johannes de Aeltre）在他有关生命之水的文章中写道："它（金酒）让我们忘却悲伤，带给我们快乐和勇气。"至此，金酒不再只是一种药物。

金酒之旅横跨荷兰，彼时的荷兰是大型商业网络的中心，正在进行着热烈的文化运动。此次旅行至关重要，不仅推动了金酒的更名和流行，而且改变了金酒的风味。金酒不再只是一种医疗工具，它的受欢迎程度与日俱增。在荷兰，金酒与麦芽酒（moutwijn）相遇，获得了另一个基本特征——可与基础酒结合，而这正是金酒的本质：将基础酒与草药、根茎和杜松子结合，再进行蒸馏。1552年，菲利普斯·赫曼尼创作了一本详细介绍蒸馏法的手册《康斯特利克蒸馏书》（*Een Constelijck Distileerboec*）。同一时期，1568年因宗教原因爆发了与西班牙长达十年的战争，战争导致的收成不佳使得葡萄酒短缺，因此人们开始在金酒的生产中添加谷物。战后，佛兰芒地区失去了战略性地位，荷兰重新成立了荷兰共和国，于是大量的荷兰公民带着蒸馏技术去英格兰寻求庇护。

1606年之前，佛兰芒地区的烈酒一直被统称为"白兰地"。荷兰共和国通过了一项法案后，开始使用"荷兰金酒"（Genever）来称呼这种杜松子烈酒，并像白兰地一样征税。从此金酒盛极一时，并逐渐呈现自己鲜明的特征。由于东印度公司在贸易上的活跃，草药香料和奢侈品得以广泛供应，因而改变了酒精饮料的特征。荷兰金酒的出现是迈入现代杜松子酒之旅的第一步。波尔斯（Bols）家族自1575年以来一直从事烈酒生产，也将荷兰金酒纳入了生产范围。为保证香料的充足供应，他们成为了东印度公司的股东。19世纪另一场伟大的技术革命——柱式蒸馏器的发明，极大推动了麦芽酒在荷兰的生产，为金酒的发展提供了基础。如今在市场上这种烈酒仍以当初“荷兰金酒”（Genever）或“荷兰琴酒”（Jenever）的名称出售，是当今盛行的混合金酒的“鼻祖”之一。

“英国热”与“金酒王朝”

除了当作药物，金酒的其他价值也渐渐地被人们发掘。金酒的历史充满着传奇色彩，据说在欧洲“三十年战争”时期，奥兰治亲王威廉二世带领的士兵在出战之前都会喝金酒来壮士气。“荷兰人的勇气”这一说法便是由此而来。金酒随着接连不断的战争、激烈的王位更迭和征服运动传到了不列颠群岛（其影响在北爱尔兰仍显而易见），抵达伦敦继续自己的旅程，再一次取得了不同程度的成功。随着17世纪新大陆的发现，贸易的往来变得更加高效，洲际贸易开始发展。1688年，威廉三世成为英格兰国王，解除了对蒸馏酒的管制。

上层阶级继续饮用包括荷兰金酒在内的高端酒，而穷困的底层人民只能酿造劣质酒。此外，金酒还遭遇了另一场毁灭性的灾难：酗酒热潮。因为金酒极易酿造，迅速风靡全国，后来甚至被称为“母爱之殇”。这种金酒质量极差，由杜松树脂中提取出的松节油酿造而成，有时甚至可能致命，但它在数百个家庭酒坊间的扩散趋势不可阻挡。仅在伦敦就有7000个地方供应这种蒸馏酒，每年的供应量约为1000万加仑，就连理发店也有供应。金酒沦为穷人酒饮，有时还被用来当作工资支付：一加仑金酒可抵2便士，一加仑啤酒反而贵得多，至少得花上4先令。据政府统计，伦敦的金酒人均年消费量约为14加仑，超过了60升。于是政府出台了《金酒法案》（*Gin Acts*）来阻止这场新的灾难。与1751年颁布的《金酒法案》同时问世的还有艺术家威廉·贺加斯（William Hogarth）的著作《啤酒街》和《金酒小巷》，作品称赞了啤酒的美好，讽刺了金酒带来的不幸。

伴随着金酒的消费量大幅度下降，第一家大型家族企业开始建立。1769年，亚历克斯·戈登开始在伦敦南部生产金酒；詹姆斯·斯坦在苏格兰生产荷兰金酒；科茨家族在普利茅斯成立了公司。1825年，英国政府减征金酒的税收，金酒价格因此下跌，尽管品质仍然很差，但是消费量翻了一番，超过700万加仑。

人们仍把金酒当作药物使用。船上供应的金酒丰富了水手们的饮食；酒中添加的草药含有维生素，并且具有一种特别的芳香味道。在不断的改良和创新中，一开始仅仅被当作药物使用的金酒发展成为了广受欢迎的饮品。酿酒业蓬勃兴起，这个时期酿造的金酒中开始加入了如今仍在使用的小豆蔻和芫荽等草本植物，逐渐显现出当代金酒的轮廓。

威廉·贺加斯的著作《金酒小巷》中描绘的母爱之殇。

根本性转折：金汤力的诞生

然而与此同时，其他国家正酝酿着另一个重大事件：将金酒和奎宁结合，并延续至今。贸易的往来加速了疟疾的传播，人们在南美洲的一棵树上发现了治疗疟疾的方法——将其制成一种极其苦涩的饮料。人们开始将奎宁调成“汤力水”并与金酒混合，金汤力从此诞生，在金酒的历史中留下了浓墨重彩的一笔。19世纪中期（1842—1847年），每年大约有700吨奎宁果实输往印度。这种药物价格高昂，因为它必须要漂洋过海，在大英帝国的领地里找到适合自己生长的天然栖息地，并在这里继续旅程。到了1858年，伊拉斯穆斯·邦德（Erasmus Bond）将奎宁与碳酸饮料结合，生产了第一个具有专利的商用奎宁水。在蒸馏器和酒杯中与来自各地的芳香物质和香料融合的金酒，几乎成为了全世界殖民地的指定饮品。同一时期，蒸馏技术的进步使得金酒的发展迈出了决定性的一大步。

柱式蒸馏器、工业化和著名品牌

19世纪到20世纪初，金酒终于发展成为我们今天熟悉的饮品：工业革命的进行、蒸馏艺术的日益成熟、世界各地的原料以及有远见卓识的企业家的品味共同推动了金酒的发展，使得金酒产品经久不衰，至今仍处在流行的前沿。蒸馏法的历史随着柱式蒸馏器的发明同步发展。

柱式蒸馏器的原理早先就为人们掌握，但直至19世纪才真正实现工业化。1827年，罗伯特·斯坦恩（Robert Stein）首先发明了柱式蒸馏器；1832年，爱尔兰税务和海关检查员埃涅阿斯·科菲（Aeneas Coffey）完善了柱式蒸馏器并以自己的名字申请了专利。一方面，柱式蒸馏器能够大批量地生产出浓度更高、含有更多中性物质的酒精，而且不像壶式蒸馏器那样，每

19世纪柱式蒸馏器的图片

一步都需要分开操作；另一方面，柱式蒸馏器采用连续蒸馏法，由于柱中有一套多孔板，每当蒸汽穿过小孔，便能带走少量的水、气味和芳香物质，最后逐渐剩下纯净到几乎无嗅无味的蒸馏液。柱式蒸馏器生产出了一种与以往不同的淡口味金酒，因为不再需要通过加入大量的植物来形成酒的特色，以及掩盖通过传统蒸馏器（通常比较原始简陋）获得的酒的味道和芳香。毫无疑问，正是在这一时期，各种类型的金酒互相区分开来，干金酒（Dry Gin）和老汤姆金酒（Old Tom Gin）开始形成自己的特色。老汤姆金酒甜味较重，更适合纯饮，可大量饮用。关于老汤姆金酒有一个传说：在1736年，有一位叫达德利·布拉德斯特里特（Dudley Bradstreet）的船长买下了一间商店，然后他把一只模型猫放在窗口卖酒，只要从猫嘴里投进一枚硬币，就可以从下面的铅管里得到一杯金酒。在19世纪，这种售卖方式在伦敦流传开来，老汤姆猫成为了金酒的代名词。

新的蒸馏技术的产生迎来了金酒发展的鼎盛时期，博士（Booth's）、哥顿（Gordon's）、普利茅斯（Plymouth）、必富达（Beefeater）和添加利（Tanqueray）等著名金酒品牌相继创立。“鸡尾酒”（一种蒸馏酒、水和苦精的混合物）从1806年发明，直至1930年美国颁布禁酒令，一直处于发展的黄金时代。它的成

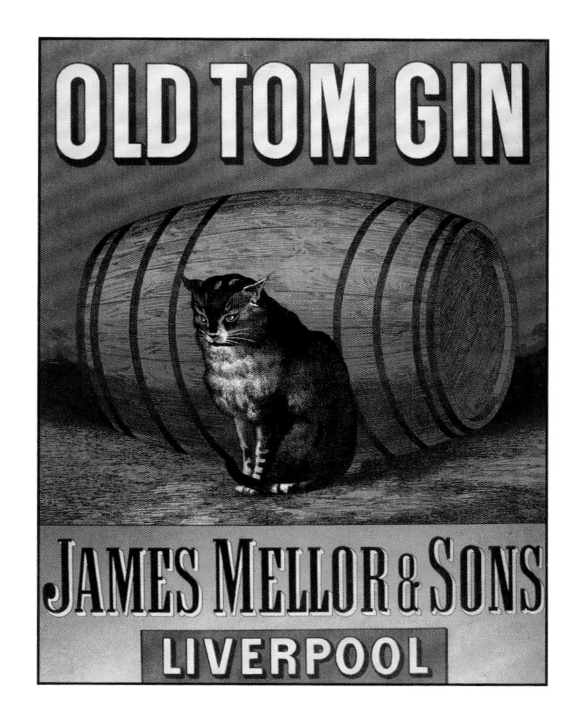

P18·普利茅斯金酒曾经的酒标。
P19·一本20世纪早期的杂志中老汤姆金酒的广告。

功离不开这个珍贵又可靠的伙伴——英国金酒，最好的英国金酒通常穿越大西洋，由美国的高级调酒师调制，如今口味已经统一。于是金酒又拥有了另一个基本特征：一种多功能的蒸馏酒，一种多用途的工具。从这个时期开始出现了几十种以金酒为基酒的饮料配方，如今都已经成为经典之作。金酒的酿造能够提升其他原料的香味。杜松子独特的魅力以及它在这趟旅程中经历的一切，给调酒师提供了无限的创意。

出于对混合饮料的高需求，美国开始生产自己的金酒。1808年，安可酒厂（Anchor Distillery）开始生产金酒。从19世纪30年代开始，随着制冷技术的产业化，大部分人都能得到冰。19世纪中期，最早的调酒师之一的杰瑞·汤玛斯（Jerry Thomas）开始在混合饮料界出名，1972年，他写下了也许是第一本关于鸡尾酒的书。老汤姆金酒和荷兰金酒是这一时期调酒配方中的主角，而干金酒则很少被提及。

但是时代在不断变迁，1908年威廉·布斯比（William Boothby）在他的著作中提到，干金酒渐渐盖过了其他金酒的风头。禁酒令使得金酒从加拿大或是其他非法入境点流入美国，同时人们开始私自酿酒，一时间涌出了大量的劣质金酒。1933年禁酒令正式废除后，金酒变得更加流行，人们愈发偏爱干金酒，而老汤姆酒却渐渐乏人问津。第二次世界大战后，金酒面临着巨大的危机：伏特加因其更为中性的芳香味道和低廉的价格被广泛使用于各类混合饮料，成功地夺走了金酒的市场。即便是在金酒的故乡——英国，也难有金酒的一席之地。

金酒历史上第一个千年的终结

我们的旅程已行至千禧年的尽头，金酒在千年的变迁中发展成了一个产业：大公司生产出具有历史意义的高质量产品，随着著名酿酒厂的所有权的不断移交，金酒成为了市场的宠儿。家族企业成为全球市场的一部分，自20世纪80年代起，市场巨头间的竞争就从未停歇。

这一时期，一款能够追溯到金酒历史起源的产品诞生并迅速跻身世界顶级品牌之列，它就是孟买蓝宝石（Bombay Sapphire）。辨识度极高的瓶身上刻着标志性的版画，酿酒配方完美均衡，通过“蒸汽灌输”的方法来提取出优雅的香气，这些独到之处使得蓝宝石迅速走红。

这款酒一直沿用着最古老的配方，受到人们的喜爱。金酒继续在烈酒市场曲折前行，份额时高时低，而共享这块金酒市场的，主要是四五个著名品牌。

就在此时，改变历史的事情发生了：善于创新的小生产商开始出现，或者说“再现”。古老的配方焕发新机，人们对金酒的兴趣也重新燃起。我们的旅程已经来到20世纪末：1999年诞生的亨利爵士金酒（Hendrick's）采用新的蒸馏技术并在酒中加入玫瑰和黄瓜等新原料，这一做法明确地表明历史再次发生了转折。2002年，添加利10号（Tanqueray No.TEN）诞生，这可能是世界上第一款配方中加入了新鲜柑橘类水果的金酒。

P20 · 这幅画是美国颁布禁酒令期间最著名的画作之一。
图片中面露喜色的一位女性怀抱着几瓶烈酒，其中就包括金酒。

金酒步入新千年，前景广阔又动荡

如今的金酒已经发展成为一种以谷物为原料，再加入杜松子和其他植物一起蒸馏而成的烈酒。步入新时代的金酒由大型跨国公司生产，日趋国际化，用途多样化。市场营销公司、不断壮大的调酒师队伍以及互联网的出现使得金酒发展的转折点再次来临。我们看到不断有新产品推出，他们宣称与已有百年历史的传统产品相比，自己是“独一无二”的；与此同时，小生产商开始加入市场，他们对高质量产品的追求吸引了人们的眼球。

人们开始注重金酒酒厂的地理位置和配方：以原产地为特征的金酒开始投放市场，这些产品借鉴原始的生产工艺并在酿制过程中加入不同的原料来形成自己鲜明的特色。例如重新以葡萄酒为基酒的纪凡金酒（G’Vine），或是在酒中加入迷迭香、橄榄等从未使用过的原料的玛尔金酒（Gin Mare）。在这一变革时期，眼光长远的生产商已能设想到，曾经失去了吸引力和热度的金酒混合饮料，将会再次掀起热潮。

现在我们的旅程抵达了值得纪念的一年：2008年。近年来情况发生了巨大的变化，欧盟决定制定金酒的生产规定：“伦敦干金酒”在全球范围内的分布太广而不能被降级为只能在英国本土生产的地方产品。据规定，金酒也可在欧盟生产，甚至无须蒸馏或者以杜松子为基本原料，只需浸渍杜松子以及使用杜松子提取物或浓缩液即可。这一规定为金酒的生产提供了极大的便利，也为生产商推出无数的新产品开辟了道路。

全球发展

金酒开始遍及全球每一个角落，几乎每个国家都拥有自己的酿酒厂和金酒品牌。生产原料越来越多，甚至包括藻类、地衣、块菌和藏红花等奇异的元素。

这一现象突出了金酒的一个历史特征：金酒变得更像一个精确的器具。曾几何时，一种金酒便可调制一系列的鸡尾酒；而如今金酒的使用更有针对性也更精密，一杯合适的金酒才能调制出一杯绝佳的鸡尾酒。比如适合用来调制金汤力的金酒未必就是马提尼的最佳选择。调酒师的用心钻研以及市场上新品牌的不断增加，使得调酒专业化的趋势进一步发展，几乎可达外科手术般的精确度。2008年后在伊比利亚半岛暴发的现象尤为有趣，几位带头人率先扛起了复兴金汤力的大旗，迎来了金汤力的全面繁荣：忙碌了一天，喝上一杯金汤力，便象征着休闲时刻的到来。在西班牙的酒吧里有几十种金酒可供选择，每一种都与特定的汤力水混合。短短几年，西班牙便发展成为高价金酒的最大消费国，极大促进了金酒的研究。

传统与持续的创新相结合，虽未必总能使人满意，却壮大了金酒家族，为金酒的发展提供了无限可能。不过短短几年便涌现出成百上千的品牌，每个品牌的金酒都有自己的特色，能够明显地改变鸡尾酒的芳香，重新诠释了无数的经典，推动金酒的现代化，但有时也会导致一些掺假产品的出现。金酒几经生死，浴火重生，在发展的每个阶段，无论经历何种风霜，都始终保持着自己坚实的根基。

金酒的生产

金酒特色的形成主要在于其植物原料，这些植物成分使得常见的中性基酒的风味变得更加丰富。然而，酿制金酒的方法有许多，每一种都有可能改变金酒的形象和特征。与其他酒精饮料相比，金酒因其可以当作一种沟通工具而与众不同。

原料

生产金酒的原料准确地说可以基本分为三类：酒精、水和植物。酒精可充当“溶剂”来提取精油；植物带来香味和芳香物质；水是生产过程中必不可少的“加工”原料，可用来调节酒精浓度。

生产金酒所用的酒精一般是由19世纪上半叶引进的柱式蒸馏器连续蒸馏而成。通过这种方法得到的酒精含量大约为95%，充分发挥了原料的芳香和味道。大部分生产商通过谷物发酵蒸馏得到酒精，也有少部分别具特色，例如干邑地区生产的纪凡金酒以蒸馏葡萄酒获得酒精，而骑士雅金酒（Chase Elegant）则蒸馏苹果酒。

水的作用存在于生产过程的各个阶段，对于稀释产品尤为重要。一些品牌将水源作为营销手段和产品卖点。例如，马丁米勒金酒（Martin Miller's）的瓶身上将冰岛国旗与英国国旗并列展示，因为这款金酒使用最纯净的冰岛水源进行调配。

植物

植物原料的不同是金酒之间最主要的区别，香料、草药、根茎、浆果以及其他植物成分赋予了金酒主要的气味、味道和芳香。这些气味和芳香几乎都来自植物本身所含的精油。

（1）杜松。

杜松，又名欧刺柏，生长在欧洲、亚洲和北美洲。历史上杜松的主要产地在托斯卡纳和整个意大利中部地区。巴尔干半岛上的马其顿和斯堪的纳维亚也是杜松的重要产地。植物的年龄、土壤环境以及果实的新鲜程度都会显著影响浆果中的精油质量和含量。

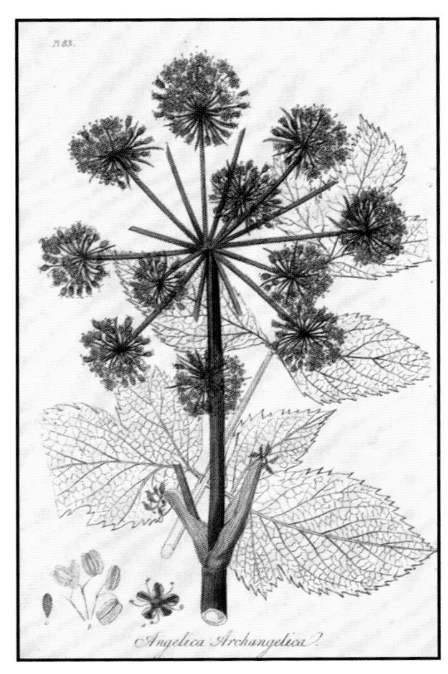

P25 • 19世纪英国药草研究中杜松（左）和白芷（右）的图片。

杜松子是金酒的灵魂，使酒中带有杜松周围的针叶树、桉树、薄荷和樟脑的香气。

（2）白芷。

白芷（Angelica archangelica）因其外形而得名，属于伞形科植物，同科植物还包括胡萝卜、芹菜、孜然和芫荽以及铁杉等。以白芷入药，可强健体魄、治疗痉挛、促进消化。

白芷在北欧（比利时，德国和匈牙利）广泛种植，常用于烈酒的酿制。实际上，它是苦艾酒和查尔特勒酒的重要原料。

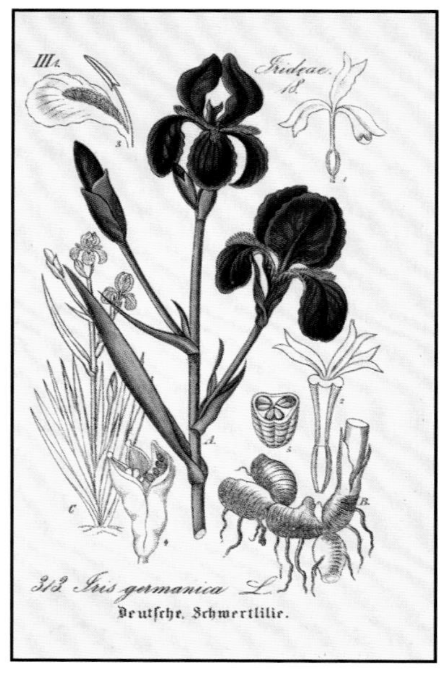

P26・20世纪植物图鉴中芫荽（左）和（右）的图片。

酿制金酒时使用的通常是白芷干燥的根茎，从根部便可看出野生浆果、土壤和植物的状态。白芷的根味道甜美，还带有草本和松树的芳香。白芷种子的芳香时常让人想起杜松子的味道。

（3）芫荽。

芫荽（Coriandrum sativum）与白芷同属伞形科植物，又称欧芹或香菜，用来酿酒的主要是芫荽籽。芫荽的学名由老普林尼命名，从希腊语中的 corys（椿象）和 ander（相似）两个词结合演变而来，意思是芫荽籽和叶子摩擦时发出的气味与臭虫的味道相似。

芫荽精油中富含芳樟醇，这一成分在薰衣草和罗勒中含量也很高，因此被大量使用在化妆品中。芳樟醇的花香浓郁，还带有清新的柠檬味道。

（4）鸢尾。

鸢尾属于鸢尾科植物，同科植物大约有200个品种。鸢尾这一名字起源于希腊，意思为彩虹，鸢尾（iris）花也被称为 orris。一般德国鸢尾或香根鸢尾的根茎适合用来酿制金酒。鸢尾主要分布在意大利、北非、中国以及印度。鸢尾具有润肠和清热解毒的功效，同时还能促进消化。

根茎需要经过干燥（有时长达24到36个月），然后制成粉末。在金酒生产的过程中，鸢尾根茎发挥的结构性作用比芳香作用更大。鸢尾精油就像一个“压仓物”，能够稳住那些更轻、更易挥发的气味和芳香物质，防止它们迅速溶解。因此鸢尾精油也被广泛应用在香水制作中，当然鸢尾根茎能够散发出紫罗兰芳香也是其中一个原因。

（5）柑橘类水果。

毫无疑问，柑橘类水果在现代金酒的生产中扮演着重要的角色。柠檬尤其能够增强另一种被广泛使用的植物——芫荽的香气。现代金酒配方中包含了许多种柑橘类水果，例如橙子、青柠和佛手柑。

（6）其他植物。

将金酒生产过程中使用的植物全部列出是一项艰巨的任务。除以上列出的部分植物以外，还有一些其他的植物被广泛使用在金酒的生产中：欧洲大茴香（也称茴芹）；同样富含芳樟醇的小豆蔻（Elettaria cardamomum）；辛辣，气味刺激，具有树脂味和药材味的肉桂（Cinnamomum cassia）。

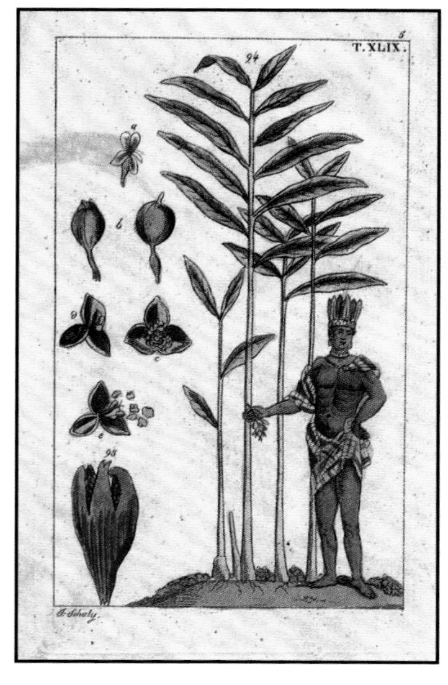

P28 · 柠檬（左）被广泛使用在现代金酒配方中。右图是小豆蔻。

生产过程

金酒生产方法的区别主要体现在从植物中提取芳香物质的方法的不同。

获得金酒最简单的方法是对植物进行“低温浸渍”，即将植物浸泡在水和酒精的混合物中或加入醇提液。这种方法通常用来生产低温的混合金酒，也是“高温浸渍”生产金酒的起源，即通过壶式蒸馏器蒸馏出金酒。蒸馏的目的主要有两个：一是通过去除部分水来浓缩酒精；二是从植物提取最易挥发的芳香成分。

蒸馏基于一个简单的原理：酒精（乙醇）挥发的温度比水低，大约在78℃，通过加热酒精和水的混合溶液，可将酒精与水分离，并带走最易挥发的芳香成分。

蒸馏器也分为两种不同的类别：传统的壶式蒸馏器（间歇蒸馏器）和柱式蒸馏器（连续蒸馏器或科菲蒸馏器）。随着时间的推移，蒸馏器可同时进行间歇和连续蒸馏。蒸馏的方式不受限制，金酒的生产方法也更加多样。值得一提的是，一般的基酒由柱式蒸馏器生产，但高质量的金酒几乎完全通过壶式蒸馏器蒸馏而成。

壶式蒸馏器

我们可以把传统的蒸馏器想象成一口大锅，没有盖子，但有一个鹅颈管，蒸汽上升到管道中，接着被输送到装水的圆筒里，通过冷凝器冷却恢复液体的状态。

壶式蒸馏器的形状和比例影响着最终的成品。低的壶式蒸馏器通常是“洋葱形”，有一个宽敞的壶颈，蒸汽中较重的成分和酒精一起上升到颈中，从而蒸馏出油脂更多、更加丰富、香味更重的酒精。高的壶式蒸馏器通常是“梨形”，有一个细的壶颈，可以阻止蒸汽中较重的成分上升，使它们下降产生所谓的回流，回流的比例越高，蒸馏酒的酒体愈发轻盈精致。壶式蒸馏器一般使用蒸汽加热，极少数会使用明火。这种蒸馏器一般是铜制的，因为铜可以在蒸馏过程中吸附或去除气味难闻的成分，比如硫化物。

带有蒸汽提取装置的蒸馏器

这种壶式蒸馏器的鹅颈管上附有穿孔的篮子，里面装满着植物原料。酒精蒸馏通过篮子便可提取植物的芳香物质，这种技术被称为“蒸汽灌输”。这种类型的蒸馏器中最著名的是马车头蒸馏器（Carter-Head），它以卡特兄弟（Carter brothers）的名字命名，常用来生产孟买蓝宝石和猴王47等金酒。

其他的蒸馏工艺

通过与以前蒸馏工艺结合或加入不同的技术，产生了其他的蒸馏工艺。有一些蒸馏器同时结合了壶式和柱式蒸馏器的蒸馏方式，这种蒸馏器仍然进行间歇蒸馏，却有一个塔用来生产更加清澈、酒体更轻盈的产品。常见的便是生产大象金酒的霍尔坦蒸馏器（Holtein Still）。

真空蒸馏是另一种相当普遍的技术，它的工作原理是当液体的蒸汽压超过周围的压力时就会发生沸腾。

低温使得精油的提取更加的精妙，不会有烹调、燃烧植物或改变精油特性的风险。保利马可尼46（Poli Marconi 46）、马尔菲金酒（Malfy）和圣灵金酒（Sacred）便是通过这种技术生产的。

调配和装瓶

由于植物特征的多变性，许多生产商在装瓶前会将不同批次的产品混合在一起，以保持产品风味的稳定性。若是小批量的生产则不需混合，塔尔坎金酒（Tarquin's）便是通过这种蒸馏方法生产的。还有一些金酒的生产方法是先将每种植物单独蒸馏，然后装瓶前再将各种烈酒混合，玛尔金酒就是典型的例子。

装瓶后的产品会被送到实验室分析，测量酒精含量和稀释度。一般情况下，产品需要经过冷凝过滤，去除其中任何可能变浑浊的油性物质；也有一些生产商不对产品进行过滤，这些被称为非冷凝过滤或无冷凝过滤产品，例如赫恩金酒（Hernö）。

阅读酒标和适用法规

金酒可以在世界各地生产，但是保护或规范金酒生产的法律并不完善。欧盟有一项适用的法律（EC 110—2008），将金酒、荷兰金酒以及各种地方金酒一起归类为杜松子味的烈酒。根据两种不同的生产方法——蒸馏法或低温混合法，法律将金酒分为两类，并规定瓶装酒最低的酒精含量必须为37.5%。美国的《联邦条例法典》中也有类似于欧盟的法规，但是规定了最低酒精含量为40%。

Tanqueray
BLUECOAT
AMERICAN
GIN
47% ALC/VOL • 94
700 ml
HAND CRAFTED
LONDON
DRY GIN
KALAHARI
KAROO
CAPE TOWN
CAPE COLONY
ELEPHANT GIN
Kulia 222
45% VOL

32种来自世界各地的金酒

金酒的选择

根据金酒的传统、生产方法和使用的植物，可将金酒细致地分为三类——传统金酒、现代金酒和创新型金酒，若有可能，本书也试图从风格或灵感来源的角度将三种金酒联系起来。金酒的分类一直存在争议，是专家热议的话题，因为无论是在欧洲、美国还是其他国家，金酒的分类法规都是通用型的，而金酒的风格、生产方法以及创意却在不断的变化中。最著名的或是主流的金酒通常都使用最传统的生产方式，诠释了最传统的英国风格，只有极少数品牌会推出少量的新品种；现代金酒一般使用独特的植物原料，产品的变化与各地的风格以及最新的发展趋势有着紧密的联系；而创新型金酒无论是在生产方法上还是在原料选择上都与众不同。本书在每一种金酒的说明中介绍了它的历史渊源和产品信息，还附上一份鸡尾酒的配方来突出金酒的特色。

金酒的品尝

根据金斯利·艾米斯20世纪80年代早期的作品集《论饮酒：蒸馏酒》，我们推测他可能是为了感受植物的精华而“纯饮”金酒的第一人。金酒在鸡尾酒中的王者地位不可撼动，若想充分利用金酒甚至是鸡尾酒中的金酒，我们要先品酒来了解酒的结构、内涵以及缺陷。

首先酒杯必须是郁金香杯，能让香味直接窜入鼻中；其次应在10～12℃下品尝，这样可以随着温度的升高感受金酒的变化；最后倒酒时尽量倒至酒杯内最大直径处，然后凑到杯口迅速地来回闻几次。品尝金酒的最大难题之一是某些气味极易挥发，只能在它们被更强烈和复杂的气味取代之前立即去闻。还有一个难题是你会发现一些气味或香味难以辨认，因为大多数时候你对植物并不熟悉，毕竟像决明子、魔鬼爪和白芷的气味并不常见。理想的状态是，你应该尽可能多去嗅一些香气成分来建立一个嗅觉记忆，帮助你分辨出自然的以及人工的气味和芳香。品尝时，第一口是在帮助你适应酒精的浓度；接着再喝儿小口，把酒含在嘴里一会儿，让口腔的温度帮助释放酒里的香味。闻气味时可以张开嘴巴，你会发现这种特别的通风方式能让气味升到鼻子的顶端，就像烟囱一样。此外，在酒中加入几滴蒸馏水，既可以引发化学反应来帮助释放一些其他的芳香物质，也可以降低酒精含量让嘴里的酒味更淡。如果你不能准确地分辨出各种气味和芳香，可以试着根据最常见的气味对它们进行笼统的分类：杜松子味、香料味或是柑橘的香气。你还可以设想一下哪种汤力水和香气适合搭配这种金酒。不断的试验和对比是了解金酒最好的方式。

传统金酒

必富达伯勒珍藏（Beefeater Burrough's Reserve）

蓝色制服酒桶珍藏金酒（Bluecoat Barrel Reserve）

伯利酿酒师的切割金酒（Burleigh's Distiller's Cut）

科茨沃尔德金酒（Cotswolds）

海曼老汤姆金酒（Hayman's Old Tom）

杰森老汤姆金酒（Jensen's Old Tom）

梅费尔金酒（Mayfair）

209号金酒（No. 209）

普利茅斯海军力量金酒（Plymouth Navy Strength）

孟买之星金酒（Star of Bombay）

布鲁姆斯伯里添加利金酒（Tanqueray Bloomsbury Edition）

塔尔坎金酒（Tarquin's）

瓦隆布罗萨干金酒（Vallombrosa Gin Dry）

作为传统金酒的重要生产地，英国的一些享有盛誉的金酒品牌大多受到伦敦干金酒的影响，无论是再次走红的老汤姆金酒或是有着辉煌历史的普利茅斯海军力量金酒。在传统金酒中，杜松子是当之无愧的主角，因为传统的金酒配方简单，植物原料的数量和种类都相当有限。英国自豪地着延续着传统，不仅有添加利（Tanqueray）这样历史悠久的品牌，也有科茨沃尔德（Cotswolds）和塔尔坎（Tarquin's）等新品牌。在金酒的发展史中，其他的一些国家也发挥着重要的作用：美国有像209号这样的成功产品，而意大利则是优质杜松子的主要供应国之一，瓦隆布罗萨修道院的僧侣使用的便是意大利杜松子。此外，历史著名品牌必富达（Beefeater）以及新品牌美国蓝色制服（American Bluecoat）金酒都坚持着木桶陈酿金酒的传统，金酒在木箱中存储运输便是最原始的木桶陈酿法。

必富达伯勒珍藏

（Beefeater Burrough’s Reserve）

产品类型：木桶陈酿伦敦干金酒/传统金酒
原产国：英国
酒精度：43%
容量：70 cl
生产方式：传统的铜制壶式蒸馏器
植物原料：杜松子，橙皮，芫荽，杏仁，柠檬皮，鸢尾，白芷，甘草。

必富达的起源可以追溯到1863年，当时身为药剂师的詹姆斯·伯勒（James Burrough）买下了伦敦的泰勒酿酒厂。他于13年后推出了必富达品牌，这家酿酒厂也由家族一直经营到1987年。必富达伯勒珍藏使用詹姆斯·伯勒在1860年发明的原始配方，通过容量为268升的传统铜制12号蒸馏壶蒸馏而成。这款酒在小批量投放市场前，需要在木桶中陈酿并在酒标上注明木桶的类型。一种是将金酒置于先前存放过利莱酒（Lillet）的法国木桶中陈酿，利莱酒（Lillet）是一种闻名遐迩的芳香型法国葡萄酒，主要用柑橘类水果和奎宁调味；另一种是将金酒置于先前存放过波尔多葡萄酒的木桶中陈酿。必富达金酒系列还包括含有不同类型的经典必富达24干金酒以及伦敦花园金酒。德斯蒙德·佩恩（Desmond Payne）无疑是金酒世界最著名的酿酒大师之一。

品鉴记录
香气：木材的香气，杜松子和柠檬的香味。
口感：草本和香脂味，木材，香料，红梅和甘草的味道。
余味：悠长复杂，辛辣。
推荐饮用方式：纯饮。

金酒古典鸡尾酒

原料：45毫升（1 1/2液体盎司）必富达伯勒珍藏　2抖安格斯图拉苦精
1块方糖　少许苏打

方法：兑和法　酒杯：古典杯
装饰：橙片和一颗马拉斯奇诺樱桃

具体操作：将方糖放在纸巾上，用苦精浸泡；将方糖放进古典酒杯中，再加入少许天然矿泉水，搅拌至方糖溶解；在杯子里倒入冰块，加金酒搅拌；最后用一个橙片和马拉斯奇诺樱桃装饰。

Bluecoat®
AMERICAN
DRY GIN
Small Batch Distilled
BARREL
RESERVE
FINISHED IN
AMERICAN OAK BARRELS
47% ALC/VOL • 94 PROOF
700 ml

蓝色制服酒桶珍藏金酒

（Bluecoat Barrel Reserve）

产品类型：木桶陈酿金酒/传统金酒
原产国：美国
酒精度：47%
容量：70 cl
生产方式：传统的铜制罐式蒸馏器
植物原料：杜松子，芫荽，柠檬，白芷。

蓝色制服金酒于2006年在费城创立，初衷是为了致敬美国以及美国独立战争时期士兵所穿的制服。蓝色制服金酒的酿制只选用经过认证的有机植物原料，经过五次缓慢的蒸馏，生产出口感顺滑、结构平衡的精酿金酒。这款酒只有极少的原料，这样可以突出同一种香味，追求高质量的产品。

这一版的蓝色制服金酒需要在美国橡木桶中陈酿使金酒的口感变得复杂顺滑，与美国波旁威士忌搭配饮用是个不错的选择。

品鉴记录
香气：浓郁的柠檬味。
口感：口感顺滑，带有柠檬味和辛辣味。
余味：清新干爽。
推荐饮用方式：用来调制汤姆柯林斯。

所得税鸡尾酒（The Income Tax）

原料：50毫升（1 3/4液体盎司）蓝色制服珍藏金酒
20毫升（2/3液体盎司）甜味美思
20毫升（2/3液体盎司）干味美思　15毫升（1/2液体盎司）橙汁
2抖安格斯图拉苦精

方法：摇和&二次滤冰　酒杯：鸡尾酒杯　装饰：橙皮扭条

具体操作：将所有原料倒入调酒壶，用力摇和后过滤倒入冰镇的鸡尾酒杯，饰以橙皮卷。

Burleigh's
LONDON DRY
GIN
DISTILLER'S CUT

MADE IN ENGLAND
70CL 47%VOL

伯利酿酒师的切割金酒

（Burleigh's Distiller's Cut）

产品类型：干金酒/传统金酒
原产国：英国
酒精度：47%
容量：70 cl
生产方式：荷尔斯泰因铜制壶式蒸馏器
植物原料：杜松子，白芷，鸢尾，芫荽，桂皮，白桦，小豆蔻，接骨木果，橙皮，蒲公英，牛蒡。

伯利酿酒师的切割金酒是酿酒师杰米·巴克斯特（Jamie Baxter）的作品，酒中融入了他个人的品味和思想。酿酒厂位于英格兰的中心地带，莱斯特郡的查恩伍德森林。这款酒以干金酒为基酒，调整了植物药材的浓度，改变了蒸馏过程中的切割点，并在装瓶时调高了酒精含量。这款金酒由容量450升的名为梅西贝茜（Messy Bessy）的荷尔斯泰因蒸馏器生产。

品鉴记录
香气：杜松子，桉树和柠檬的清香。
口感：味干，顺滑口感，香草味中带着辛辣。
余味：干爽，芳香。
推荐饮用方式：用来调制马丁内兹，或加入发烧树印度汤力水（Fever Tree Premium Indian tonic）调制金汤力。

甜萨尔玛鸡尾酒

（Sweet Selmer Cocktail）

原料：25毫升（2/3液体盎司）伯利酿酒师的切割金酒
25毫升（2/3液体盎司）利莱白开胃酒（Lillet Blanc）
20毫升（2/3液体盎司）柠檬汁　15毫升（1/2液体盎司）蜂蜜糖浆

方法：摇和&滤冰　酒杯：玻璃杯
装饰：一朵可食用花，一个粉色葡萄柚扭条

具体操作：在蜂蜜中加水搅拌至蜂蜜完全溶解，制作出蜂蜜糖浆；将原料放入调酒壶中，摇和至少10秒后倒入冰镇的马提尼酒杯，加入一个粉色的葡萄柚扭条；用可食用花装饰，如三色堇。

科茨沃尔德金酒

（Cotswolds）

产品类型：干金酒/传统金酒
原产国：英国
酒精度：46%
容量：70 cl

生产方式：荷尔斯泰因铜制壶式蒸馏器
植物原料：芫荽，小豆蔻，黑胡椒，杜松子，薰衣草，白芷，月桂叶，青柠，葡萄柚。

科茨沃尔德金酒产于威尔特郡科茨沃尔德山脚下的斯托顿村（Stourton）。2014年，丹・索尔（Dan Szor）创建了这家酿酒厂。索尔是金融界的大亨，他喜欢在周末离开伦敦去享受英国乡村的宁静。见多识广的索尔利用当地用来生产威士忌的谷物酿制金酒。从谷物发芽到酿出成品，酒厂把控着整个生产过程。这款金酒用复合荷尔斯泰因蒸馏器蒸馏而成，蒸馏器的颈管处附有一个装满植物的穿孔篮，一方面可以浸泡植物长达12个小时，另一方面可以进行“蒸汽灌输”。

品鉴记录
香气：香气浓郁，持久的薰衣草花香。
口感：以葡萄柚味为主。
余味：回味持久清新。
推荐饮用方式：加冰，或用来调制飞行鸡尾酒（Aviation）和拉莫斯金菲士（Ramos Gin Fizz）；调配时尽量平衡薰衣草的香味。

英国皮克尼克鸡尾酒（UK Pic Nic）

原料：50毫升（1 3/4液体盎司）科茨沃尔德金酒
15毫升（1/2液体盎司）红莓果汁甜酒
5毫升（1/6液体盎司）红石榴糖浆　新鲜的树莓和野草莓

方法：兑和法　酒杯：高球杯或柯林斯杯
补充饮料：普洛赛克或利慕布朗克特　装饰：一枝薄荷叶

具体操作：用杵将红莓果捣碎成糊状，将所有原料放入加冰的调酒壶中，摇和后倒入酒杯；补满普洛赛克或利慕布朗克特，饰以一小枝薄荷叶。如果要制作果汁甜酒，第一种方法是先把等量的水果和糖混合，静置几天；然后将水果捣碎成汁，过滤到另一个容器中；最后加入红酒或苹果醋酸化后放入冰箱冷藏。另一种方法是把水、糖和水果放在锅里煮成糖浆，冷却后加入醋调味。

海曼老汤姆金酒
（Hayman's Old Tom）
HAYMAN
DISTILLERS
HAYMANS
FAMILY GIN DISTILLERS
OLD TOM
OLD TOM
1863
the AUTHENTIC VICTORIAN style of GIN
40%VOL 70CLe
PRODUCT OF ENGLAND
MARK OF ENGLISH HERITAGE
FAMILY GIN
DISTILLERS
SINCE 1863
ENGLAND

产品类型：老汤姆金酒/传统金酒
原产国：英国
酒精度：40%
容量：70 cl
生产方式：铜制蒸馏器

植物原料：保加利亚和马其顿杜松子，保加利亚芫荽籽，印度肉豆蔻，马达加斯加肉桂，西班牙橘皮，比利时或法国白芷根，意大利鸢尾根，中国决明子皮，斯里兰卡甘草，西班牙柠檬皮。

酿酒厂的创始人克里斯托弗·海曼（Christopher Hayman）秉承着悠久的蒸馏传统，因为他是1863年创办的必富达金酒的创始人詹姆斯·伯勒的直系后裔。1969年，克里斯托弗在詹姆斯伯勒有限公司开始了自己的职业生涯，他一直负责蒸馏和生产必富达金酒，直到1988年詹姆斯公司被一家大型跨国公司收购。海曼酒厂可能是在老汤姆酒重生为现代金酒后，第一个复兴老汤姆传统的酒厂。海曼老汤姆金酒使用伯勒家族在1870年发明的配方蒸馏而成。19世纪鸡尾酒诞生的前期，老汤姆金酒非常受欢迎，曾数次出现杰瑞·汤玛斯的著作《调酒师指南》（1886）的鸡尾酒单中，但是随着时间的推移，老汤姆的地位渐渐被干金酒取代。

品鉴记录
香气：柠檬，杏仁，生姜，巧克力和咖啡的味道，还带有一丝香草味。
口感：圆润顺滑，带有花香和柑橘的味道，后调是典型的甜味。
余味：香脂味，辛辣。
推荐饮用方式：用来调制汤姆柯林斯或拉莫斯金菲士 。

金酒马丁内兹鸡尾酒（Gin Martinez）

原料：25毫升（2/3液体盎司）海曼老汤姆金酒
50毫升（1 3/4液体盎司）意大利红味美思
2抖黑樱桃利口酒　1抖橙味苦酒

方法：调和&滤冰　酒杯：马提尼酒杯　装饰：柠檬扭条

具体操作：把所有的原料放入加冰的调酒杯里，搅拌后倒入冰镇的马提尼杯，饰以柠檬扭条。另一种方法是把水、糖和水果放在锅里煮成糖浆，冷却后加入醋调味。

jensen's
When Christian Jensen first tasted the vintage gins from London's lost distilleries, he began a journey. Creating a finely balanced gin that honoured these forgotten recipes became his obsession. That's why Jensen's is distilled in small batches, using only traditional gin botanicals. So there's really nothing new about Jensen's, and that's why it's different. Distilled in Bermondsey, London, Jensen's is gin as it was. Gin as it should be.
LONDON DISTILLED
OLD TOM GIN
70CL 43% VOL.

杰森老汤姆金酒

（Jensen's Old Tom）

产品类型：老汤姆金酒/传统金酒
原产国：英国
酒精度：43%
容量：70 cl
生产方式：约翰多尔公司铜制蒸馏器
植物原料：未标明的经典植物原料。

杰森金酒是英国金酒复兴的代表品牌之一。酿酒厂于2013年创办，位于伯蒙赛（Bermondsey）的一座古老的铁路拱桥下，酒厂正是从此处得名。创始人的初衷是结合最先进的技术，生产一种传统的蒸馏酒。其使用的500升蒸馏器由埃涅阿斯·科菲在1830年创办的约翰多尔公司生产。酒厂的一大特色便是拥有一位杰出的女酿酒师，这位叫作安妮·布洛克（Anne Brok）的大师拥有化学学位。这款老汤姆不添加甜味剂，使用了1840年的配方，完美再现了当年的金酒特色。此外，该品牌还生产一款干金酒。

品鉴记录
香气：清新的香脂味。
口感：新鲜的杜松子和针叶味。
余味：香脂和植物味，辛辣。
推荐饮用方式：用来调制拉莫斯金菲士，马丁内兹或汤姆柯林斯 。

黑猫鸡尾酒（Black Cat）

原料：30毫升（1液体盎司）杰森老汤姆金酒　30毫升（1液体盎司）龙舌兰酒
25毫升（2/3液体盎司）阿蒙提拉多雪莉酒
25毫升（2/3液体盎司）卡帕诺潘脱红蜜味美思　1大匙糖浆（水糖比例1:1）
一根葡萄柚扭条
方法：调和&滤冰　酒杯：马提尼酒杯　装饰：葡萄柚皮片

具体操作：把柚子皮片和糖浆放入加冰的调酒杯中；加入其他配料搅拌后倒入冰镇的马提尼酒杯，饰以一片柚子皮。

梅费尔金酒

(Mayfair)

产品类型：干金酒/传统金酒
原产国：英国
酒精度：40%
容量：70 cl

生产方式：传统铜制壶式蒸馏器
植物原料：杜松子，白芷，鸢尾，芫荽，香草和其他未标明的植物。

梅费尔金酒是一款复兴传统和历史的现代金酒。这款酒的蒸馏大师来自一个拥有300年蒸馏经验的家族。这个品牌由四个商人创立，他们非常注重品牌的传播，因此将该品牌定位成高端奢侈品。这家酒厂拥有两个铜制蒸馏器，分别叫作拇指汤姆和拇指姑娘。拇指汤姆容量为500升，用来生产金酒；拇指姑娘则用来生产伏特加。除了这两种酒外，该产品线下还生产朗姆酒。

品鉴记录
香气：杜松子，针叶还有柠檬味。
口感：口感顺滑圆润，浓郁的杜松子味。
余味：味干，带有柠檬和芫荽的香味。
推荐饮用方式：用来调制尼克罗尼鸡尾酒（Negroni）。

梅费尔高雅鸡尾酒（The Mayfair Elegance）

原料：35毫升（1 1/6液体盎司）梅费尔金酒
50毫升（1 3/4液体盎司）蜂蜜茉莉花茶
15毫升（1/2液体盎司）修道院黄酒

方法：调和&滤冰　酒杯：古典杯
装饰：橙皮片和紫罗兰

具体操作：将所有原料倒入加冰的调酒杯里，混合后倒入装满冰块的古典杯里；用一片橙皮和一朵紫罗兰装饰。

209号金酒

（No. 209）

产品类型：干金酒/传统金酒
原产国：美国
酒精度：46%
容量：70 cl

生产方式：传统铜制蒸馏器
植物原料：卡拉布里亚杜松子，佛手柑，柠檬，小豆蔻，决明子，白芷，芫荽和其他未标明的成分。

209号金酒是美国加利福尼亚的一家酿酒厂生产的蒸馏酒，这家酒厂推动了金酒在美国的传播与发展。酒的名字源于当时酒厂在美国注册的认证号码。2000年，拥有众多葡萄园的路德家族（Rudd family）决定在旧金山码头附近重开酒厂，并于2005年生产出了第一瓶金酒。酿酒使用的铜制蒸馏器产自苏格兰，蒸馏器的制作在形状和高度上参考了格兰杰酒厂（Glenmorangie）的那台，这个蒸馏器高度超过8米，能够生产出极轻的蒸馏酒。路德家族与加利福尼亚葡萄酒业的紧密联系可以从209号系列产品中看出：有三种木桶陈酿葡萄酒（长相思，赤霞珠，霞多丽）（Sauvignon，Cabernet and Chardonnay），每一种酒的原料都来自纳帕谷的葡萄园。该产品线下还生产经过犹太认证的金酒和伏加特。

品鉴记录
香气：以杜松子味为主，接着是雪松的香味。
口感：清新的杜松子和针叶味道与配方中其他成分，特别是柑橘类水果的味道达到完美平衡。
余味：顺滑，带有浓郁的芫荽和甘草味。
推荐饮用方式：用来调制马提尼鸡尾酒。

红区鸡尾酒（Red Zone）

原料：30毫升（1液体盎司）209号金酒
120毫升（4液体盎司）蔓越莓汁
6o毫升（2液体盎司）姜汁汽水

方法：摇和&滤冰　酒杯：古典杯
补充饮料：姜汁汽水　装饰：橙子片

具体操作：将金酒和蔓越莓汁倒入调酒壶里，摇和后倒进加冰的古典杯里；补满姜汁汽水，饰以一片橙子装饰。

普利茅斯海军力量金酒

（Plymouth Navy Strength）

产品类型：海军力量金酒/传统金酒
原产国：英国
酒精度：57%
容量：70 cl

生产方式：传统铜制壶式蒸馏器
植物原料：杜松子，芫荽，柠檬和橙皮，白芷，鸢尾，小豆蔻。

诞生于1793年的普利茅斯金酒由科茨家族创立的科茨公司生产。就地理位置而言，普利茅斯和英国皇家海军之间的渊源可以追溯到两个多世纪以前，与当时皇家海军中最著名的海军将领纳尔逊勋爵也有紧密的关联。在对抗拿破仑的战役中，纳尔逊在军舰上为他的海军装载了大量的普利茅斯酒，这种金酒因其酒精含量高而被称为海军力量。但是他为什么要选择酒精浓度超过57%的金酒呢？想象一下狂风暴雨的海面上，用一桶金酒浸湿火药发射一门大炮，若酒的浓度低于57%，火药就无法点燃。海军力量的传奇因此诞生！19世纪中叶，酿酒厂每年为海军提供约1000桶金酒。后来普利茅斯渐渐衰弱，被人们遗忘，配方发生变化，酒精浓度降低，直到1996年，在查尔斯·劳斯（CharlesRolls）的帮助下才重获新生。目前，酒厂为一家大型跨国公司所有。

品鉴记录
香气：杜松子的香气和柠檬味。
口感：清新的芳香药草和花香。
余味：回味悠长，香脂味中带有柑橘味。
推荐饮用方式：加上一片青柠来调制金汤力，或调制琴蕾鸡尾酒。

粉色杜松子鸡尾酒（The Pink Gin）

原料：60毫升（2液体盎司）普利茅斯海军力量金酒　1抖安格斯图拉苦精

方法：调和&滤冰　酒杯：马提尼杯　装饰：柠檬扭条

具体操作：将安格斯图拉苦精倒入盛满冰块的调酒杯中搅拌15秒左右后倒进马提尼杯，沾湿杯壁；转动酒杯除去多余的液体；将金酒倒入调酒杯里剩下的冰上稀释，浓度降低后倒入事先准备好的杯子里；用柠檬扭条装饰。

STAR OF BOMBAY
PRODUCT OF ENGLAND
5 010677 360098

孟买之星金酒

（Star of Bombay）

产品类型：干金酒/传统金酒
原产国：英国
酒精度：47.5%
容量：70 cl
生产方式：马车头壶式蒸馏器蒸馏，使用“蒸汽灌输”技术

植物原料：杜松子，柠檬皮，摩洛哥豆蔻，芫荽，香胡椒，佛罗伦萨鸢尾，杏仁，决明子，甘草，白芷，卡拉布里亚佛手柑皮，厄瓜多尔黄葵。

1987年孟买蓝宝石金酒的上市无疑是现代金酒历史发展上的一道分水岭，它标志着一种精致风格的金酒的重生，这种金酒因其蓝宝石瓶身而独树一帜。孟买蓝宝石的配方是第一批注册的酒方之一，其历史可追溯到1761年，当时创办了伦敦以外最大的酿酒厂的托马斯·达金（Thomas Dakin）对蓝宝石的诞生功不可没。孟买之星得名于史密森尼学会保存的一颗182克拉的蓝宝石，这款金酒选用与孟买蓝宝石相同的基酒，同时添加了另外两种植物：卡拉布里亚佛手柑皮和厄瓜多尔黄葵籽。这款酒精含量有所提升，蒸汽灌输的过程相对较缓，有助于提取更多的精油和芳香。

品鉴记录
香气：浓郁的芫荽，白芷，柠檬和杜松子的香味。
口感：满口花香，带有柑橘，香料和甘草的味道。
余味：香脂和甘草味，辛辣。
推荐饮用方式：用来调制金酒苏打水，提升药草和柑橘类水果的香味。

浓情金汤力（Intense Gin&Tonic）

原料：等量的孟买之星金酒和汤力水，最好带有花香

方法：兑和　酒杯：高球杯　装饰：佛手柑皮片

具体操作：将原料直接倒入盛满冰块的高球杯中搅拌，饰以一片佛手柑皮。

Tanqueray
EDITION
Tanqueray
Bloomsbury
London Dry Gin
Charles Waugh
BASED ON AN HISTORIC RECIPE CRAFTED BY
CHARLES WAUGH TANQUERAY, WITH AN INTENSE
HEART OF JUNIPER BERRIES.
1 LITRE℮ 47.3% VOL

布鲁姆斯伯里添加利金酒

（Tanqueray Bloomsbury Edition）

产品类型：干金酒/传统金酒
原产国：英国
酒精度：47.3%
容量：100 cl
生产方式：壶式蒸馏器
植物原料：意大利杜松子，芫荽，白芷，香草。

布鲁姆斯伯里添加利金酒是根据1880年的配方制作而成的限量版金酒。实际上，“金酒王朝”真正的财富在于它的历史典藏，它拥有大量可以重新加以诠释的配方，一款简单而又丰富的金酒便因此诞生。这款酒的名字源于添加利酒厂当时在伦敦地区的地理位置。酒标上标明了这款金酒简单的配方，将意大利植物与英国金酒结合，植物的来源体现了对古老传统的敬意。布鲁姆斯伯里金酒是限量版添加利的一种，这款酒在原始配方的基础上，一次次改良，呈现了那个特定时代最完美的金酒版本。

品鉴记录
香气：以杜松子、香料味和花香为主。
口感：杜松子，芫荽和香草的味道。
余味：悠长清爽。
推荐饮用方式：用来调制马提尼鸡尾酒，用一片柠檬皮装饰。

燕尾服鸡尾酒（Tuxedo）

原料：30毫升（1液体盎司）布鲁姆斯伯里添加利金酒
30毫升（1液体盎司）干味美思
2.5毫升（1/12液体盎司）黑樱桃利口酒　1.25毫升（1/24液体盎司）苦艾酒
3滴橙味苦酒

方法：调和&滤冰　酒杯：鸡尾酒杯　装饰：柠檬皮扭条和一颗马拉斯奇诺樱桃

具体操作：将所有原料倒入装了大量冰块的调酒杯，混合后倒入冰镇的鸡尾酒杯，加入一个柠檬扭条；在柠檬扭条内放一颗马拉斯奇诺樱桃装饰。

SOUTHWESTERN DISTILLERY
TARQUIN'S
HANDCRAFTED CORNISH
DRY GIN
IWSC
GOLD
2014
Distilled with passion for an invigorating and unique experience.
70cl
42% Vol

塔尔坎金酒

（Tarquin’s）

产品类型：干金酒/传统金酒
原产国：英国
酒精度：42%
容量：70 cl

生产方式：传统铜制壶式蒸馏器
植物原料：杜松子，芫荽籽，橙皮，柠檬，葡萄柚，白芷根，肉桂，甘草，德文紫罗兰其他未标明的植物。

康沃尔郡的西南酿酒厂生产的塔尔坎金酒，标志着一种消失了一个多世纪的传统的复苏。这款金酒由一种叫作塔玛拉（Tamara）的小型壶式蒸馏器生产，每批只生产300瓶，所有的酒标，编号和签名全部手写。这款酒使用谷物酿制的基酒，对于稀释水的选择非常讲究，一般取用博斯卡斯尔附近的泉水。有趣的是，这家酒厂受法国传统的启发，也生产茴香酒。

品鉴记录

香气：杜松子、柑橘类水果和肉桂的香味，紫罗兰花香。

口感：香料和柑橘类水果的味道。

余味：味干，辛辣。

推荐饮用方式：用来调制金汤力，金酒和汤力水的比例为1：4，加入大量的冰块和一片柠檬。

科尼什马提尼鸡尾酒（Cornish Martini）

原料：50毫升（1 3/4液体盎司）塔尔坎金酒
10毫升（1/3液体盎司）干味美思
1滴茴香酒

方法：调和&滤冰　酒杯：马提尼杯
装饰：柠檬扭条

具体操作：将原料倒入加冰的调酒杯中，搅拌后倒入冰镇马提尼杯，加入柠檬扭条。

DISCIPLINA PACIS
GIN DRY
VALLOMBROSA
ALCOLATO DI BACCHE DI GINEPRO
SECONDO LE ANTICHE RICETTE DEI
MONACI BENEDETTINI DI VALLOMBROSA • FIRENZE
LICENZA U.T.I.F FIX00007S - TRASF. A FREDDO
cl 70
GRADI 47

瓦隆布罗萨干金酒

（Vallombrosa Gin Dry）

产品类型：干金酒/传统金酒
原产国：意大利
酒精度：47%
容量：70 cl
生产方式：在酒精中浸渍
植物原料：杜松子和其他当地药草。

瓦隆布罗萨修道院坐落在海拔1000米托斯卡纳-埃米利安阿佩宁地区（Tuscan-Emilian Appenines）的古老的森林中。最初的修道院由圣乔瓦尼·瓜尔伯托（San Giovanni Gualberto）于1028年建造，如今的修道院则建于15世纪。拿破仑时期修道院曾被废弃，1949年归还给僧侣后，开始了大规模的修复工作。瓦隆布罗萨干金酒由单一品种的野生杜松子酿制，这种杜松子生长在阿雷佐省的桑塞波尔克罗市和皮耶韦圣斯特凡诺之间的山丘上，当时的僧侣为林业兵团重建森林时发现了这种杜松子。这种浆果浓郁的香气能够在成品中充分体现出来。

品鉴记录
香气：清新浓郁的杜松子味。
口感：味道甜味，草本和杜松子的味道。
余味：味干，香脂味中带着药草的香味，芳香持久。
推荐饮用方式：纯饮，品味最纯粹的杜松子味；用来调制金汤力或马提尼鸡尾酒。

金酸味鸡尾酒（Gin Sour）

原料：60毫升（2液体盎司）瓦隆布罗萨干金酒
25毫升（2/3液体盎司）柠檬汁
25毫升（2/3液体盎司）糖浆

方法：摇和&滤冰　酒杯：玛格丽特杯　装饰：鼠尾草叶

具体操作：将所有原料放入调酒壶中，加冰摇合后倒入冰镇的玛格丽特杯中，饰以鼠尾草叶。

现代金酒

斗牛犬金酒（Bulldog）

卡瑞恩金酒（Caorunn）

大象金酒（Elephant Gin）

赫恩杜松子陈酿金酒（HernöJuniper Caskgin）

杜松绿纪念金酒（Juniper Green Trophy）

马丁米勒玖月陈年金酒（Martin Miller's 9 Moons

短十字金酒（Shortcross）

金丝巾金酒（Skin gin）

植物学家金酒（The Botanist）

昂加瓦金酒（Ungava）

威廉姆斯骑士雅金酒（Williams Chase Elegant）

过去的二十年里，金酒世界发生了翻天覆地的变化，金酒市场大幅度地扩张。回归传统重新激起了消费者的兴趣。但好景不长，更具现代优势的新产品横空出世。这些产品拥有现代化的配方，先进的生产方法和全新的营销策略，酒瓶和酒标的设计天马行空、不同凡响，加上有针对性的调研，产品特点展现得淋漓尽致。现代金酒以传统为坚实的基础，再加上生产商能够巧妙地加入新元素，例如使用不寻常的、当地的或是异域的原料。卡瑞恩金酒和植物学家金酒均在苏格兰威士忌酒厂通过传统的方法生产，但是酒中加入了大量的当地植物和早已被人遗忘的植物，比如库尔布拉什苹果。德国的大象金酒灵感来自非洲，其原料选择和宣传活动都集中在对大型哺乳动物的保护上，并为此做出了巨大贡献。瑞典的赫恩金酒可能是首个使用珍贵的杜松木桶陈酿的产品，而骑士雅金酒则使用自家公司生产的苹果酿制基酒。

BULLDOG
A Brazen Breed,
Perfectly Balanced With
Natural Poppy, Dragon Eye
And Hints Of Crisp Citrus.
Bulldog Guards The Time-Honoured
Tradition Of Distilling,
Meeting All Opposition With
Brilliant Character And
A Palatable Disposition.
Respect Its Spirit And
LONDON DRY GIN
PRODUCT OF ENGLAND
40% VOL
70cl

斗牛犬金酒
（Bulldog）

产品类型：伦敦干金酒/现代金酒
原产国：英国
酒精度：40%
容量：70 cl

生产方式：传统铜制壶式蒸馏器
植物原料：托斯卡纳杜松子，鸢尾，摩洛哥芫荽，西班牙柠檬，法国薰衣草，荷叶，甘草，龙眼。

斗牛犬品牌是美国人安舒曼·沃赫拉（Anshuman Vohra）的创意之作。他在2006年以一种英国著名的狗的品种为名创办这个品牌，是为了庆贺狗年，这款酒的原料除了选择中国的龙眼之外，其他的都相当传统。

斗牛犬金酒由伦敦一家大型蒸馏厂通过传统的方式生产，需要经过四次蒸馏。另外，这款酒还有一个酒精含量更高的Bold 版本。

品鉴记录
香气：杜松子味和薰衣草的花香。
口感：花香和水果味，带有香脂和甘草的味道。
余味：味干，辛辣，香脂味。
推荐饮用方式：用来调制金汤力，饰以一枝薰衣草。

南方鸡尾酒（Southside）

原料：60毫升（2液体盎司）斗牛犬金酒　30毫升（1液体盎司）柠檬汁
5小片薄荷叶　25毫升（2/3液体盎司）糖浆

方法：摇和&滤冰　酒杯：古典杯　装饰：薄荷枝

具体操作：将原料放入加冰的调酒壶中，用力摇和后过滤倒入加冰的古典杯中，饰以一枝薄荷。

CAORUNN*

Stèidhichte
{1824}
Handcrafted from pure grain spirit and time-honoured Celtic botanicals.

*
CAORUNN
{ka-roon}
SMALL BATCH SCOTTISH GIN

*Wildly Sophisticated
SCOTTISH GIN.

CAORUNN
{ka-roon}
70cl ℮ SMALL BATCH SCOTTISH GIN 41.8% vol.
Balmenach Distillery Stèidhichte 1824
DL10000

卡瑞恩金酒

（Caorunn）

产品类型：干金酒/现代金酒
原产国：英国/苏格兰
酒精度：41.8%
容量：70 cl

生产方式：浆果屋铜制蒸馏器
植物原料：杜松，芫荽籽，柠檬皮，橘皮，白芷，决明子，花揪浆果，香杨梅，帚石楠，蒲公英，库尔布拉什苹果。

卡瑞恩金酒由巴门纳克酒厂（Balmenach Distillery）生产，是已知的唯一使用浆果和铜制蒸馏器生产的蒸馏酒。这种蒸馏器在20世纪被广泛使用，它可以缓慢而精细地提取芳香。蒸馏器中的植物原料被放进了四个隔开的篮子里，当蒸汽上升时，便能轻柔地带走芳香成分。

这款金酒每次小批量生产约1000升。卡瑞恩是花楸浆果在盖尔语中的名字，是生长在北欧地区的一种花楸的果实。卡瑞恩金酒植物原料中还有一种鲜为人知的变种苹果——库尔布拉什。

品鉴记录
香气：花香中带有白莓果和杜松子味。
口感：甘甜，丝滑的苹果味。
余味：清新干爽。
推荐饮用方式：用来调制金汤力，饰以粉红佳人苹果片。

红辣椒曼德瑞恩柯林斯鸡尾酒（Chilli and Mandarin Collins）

原料：25毫升（2/3液体盎司）卡瑞恩金酒　25毫升（2/3液体盎司）曼德瑞恩拿破仑利口酒　25毫升（2/3液体盎司）柠檬汁　7.5毫升（1/4液体盎司）树胶糖浆　粗略切碎的半个红辣椒

方法：摇和&二次滤冰　酒杯：柯林斯杯　装饰：红辣椒　补充饮料：苏打水

具体操作：将原料放入加冰的调酒壶中，摇和后过滤倒入柯林斯杯，加入碎冰；补满苏打水，饰以红辣椒。

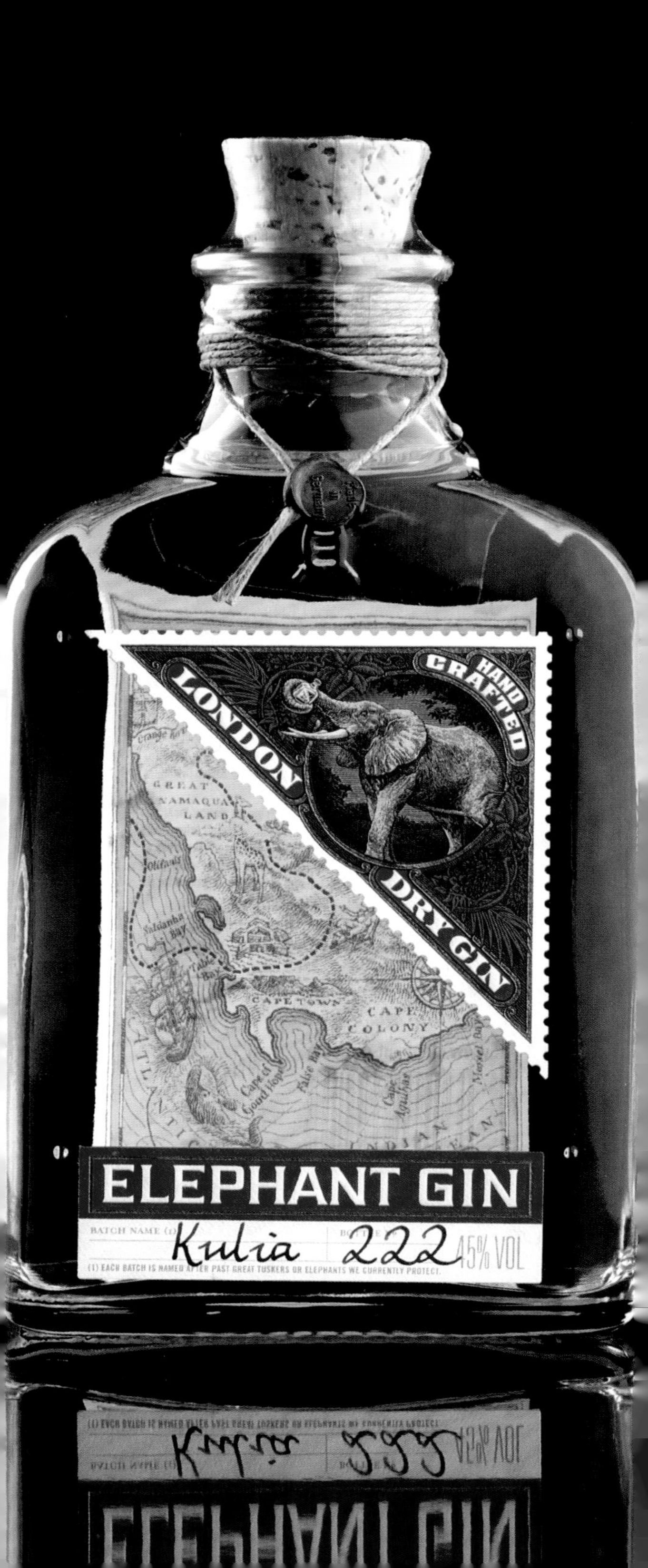
HAND CRAFTED
LONDON
DRY GIN
ELEPHANT GIN
BATCH NAME (1)
Kulia
222
45% VOL
(1) EACH BATCH IS NAMED AFTER PAST GREAT TUSKERS OR ELEPHANTS WE CURRENTLY PROTECT.

大象金酒

（Elephant Gin）

产品类型：干金酒/现代金酒
原产国：德国
酒精度：45%
容量：70 cl
生产方式：荷尔斯泰因铜制壶式蒸馏器

植物原料：杜松子，山松针，薰衣草，甜橙皮，新鲜苹果，决明子皮，姜，西班牙甜椒，魔鬼爪，布枯叶，接骨木花、狮子尾、非洲艾草、猴面包树。

这家酿酒厂位于汉堡市郊，使用荷尔斯泰因铜制蒸馏器生产蒸馏酒。大象金酒中的部分植物原料来自非洲，需要浸渍约24小时。配方的灵感来自伦敦干金酒，在装瓶之前需要将酒放置几天。这款金酒每次小批量生产约700瓶。每一批金酒都用一头大象的名字命名，销售利润的15%将捐给生命基金会（Big Life）和大象之家机构（Space for Elephants），用于保护非洲大象。据创始人说，大象金酒的创意源自非洲的一种夕暮酒，这种酒在南非是指在辛苦工作一天后的日暮时分饮用的所有饮料的统称。

品鉴记录
香气：主要是新鲜杜松和针叶树的香气，并伴有浓郁的苹果味。
口感：顺滑口感，苹果味浓郁。
余味：辛辣。
推荐饮用方式：加入姜片和苹果片调制金汤力。

野性自由鸡尾酒（Wild Freedom）

原料：50毫升（1 3/4液体盎司）大象金酒　30毫升（1液体盎司）青柠汁
15毫升（1/2液体盎司）姜糖浆　15毫升（1/2液体盎司）查尔特勒酒
3 滴迷迭香酊剂
（1份鲜迷迭香放入2份酒精中，浸渍3天）
方法：摇和&滤冰　酒杯：玛格丽特杯　装饰：一枝迷迭香

具体操作：将所有原料放入加冰的调酒壶中，混合后倒入冰镇的玛格丽特杯中，在杯沿装饰一枝迷迭香。

hernö
JUNIPER CASK GIN
47% alc./vol.
500ml.

赫恩杜松子陈酿金酒

（HernöJuniper Caskgin）

产品类型：木桶陈酿金酒/现代金酒
原产国：瑞典
酒精度：47%
容量：50 cl
生产方式：传统铜制壶式蒸馏器
植物原料：保加利亚杜松子和芫荽，柠檬，瑞典越橘，马达加斯加香草，印度尼西亚决明子，印度黑胡椒，英国绣线菊花。

2011年，乔恩·希尔格伦（Jon Hillgren）成立了瑞典第一家专门生产金酒的酿酒厂。酒厂坐落在海讷桑德市郊区，达拉（Dala）地区的高山海岸（High Coast），这片海岸被联合国教科文组织列为世界遗产。这家酒厂位于一座传统的红白相间的木制建筑内。酒厂使用两种铜制蒸馏器，分别被取名为克斯汀（Kerstin）和马里特（Marit）。酒厂所有品种的金酒都使用8种有机的植物原料。这款酒也像酒厂生产的其他产品一样，不经过冷凝过滤。该产品线下还生产干金酒，海军力量和老汤姆金酒，以及一款需要在39.25升的杜松木桶中陈酿30天的杜松子陈酿金酒。

品鉴记录
香气：浓郁的苔藓，青草，杜松子和针叶树的香气。
口感：干甜，强烈而持久的针叶树和柠檬味。
余味：味干，香脂味中带有松脂和杜松子的味道。
推荐饮用方式：加入新鲜的芫荽和青柠调制金汤力。

杜松子陈酿金汤力
（Juniper Cask Tonic）

原料：50毫升（1 3/4液体盎司）赫恩杜松子陈酿金酒
150毫升（5液体盎司）汤力水

方法：兑和　酒杯：球形杯　装饰：杜松子，干黑橄榄和干月桂叶。

具体操作：将原料倒入盛满冰块的球形杯中搅拌；饰以杜松子、干黑橄榄和干月桂叶。调酒时最好用干汤力水。

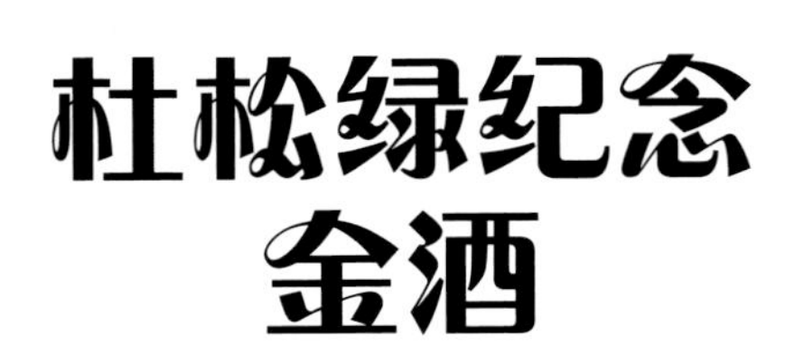

杜松绿纪念金酒

（Juniper Green Trophy）

产品类型：有机干金酒/现代金酒
原产国：英国
酒精度：43%
容量：70 cl

生产方式：传统铜制壶式蒸馏器
植物原料：杜松子，芫荽，白芷，香草。

杜松绿纪念金酒自1999年上市以来，并没有太多的广告宣传，却赢得了颇多赞誉，因为该品牌一直致力于生产每个阶段都经过认证的蒸馏酒：用于酿造基础酒精的谷物使用生物动力法种植；植物原料有机栽培，野生植物也获得认证，确保能够维持自然的平衡；蒸馏和过滤的过程对素食主义者非常友好。这款金酒最初是为伦敦一家高级俱乐部——卡尔顿俱乐部专门打造的，后来因为太受欢迎，这位小生产商便为它开了一条专门的生产线。杜松绿纪念金酒是一款创新的现代金酒，同时又忠实于最纯正的伦敦传统。这款酒在生产商的指导下，由伦敦最大的酿酒厂中的其中一家生产。

品鉴记录
香气：草本植物和松树的香气。
口感：口感顺滑，香草味中伴有浓郁的香脂味。
余味：柠檬酸味，回味持久复杂。
推荐饮用方式：用来调制金汤力，在杯沿装饰1片柠檬。

金酒王朝鸡尾酒（The Gin Daisy）

原料：60毫升（2液体盎司）杜松绿纪念金酒
15毫升（1/2液体盎司）石榴糖浆
1个柠檬

方法：摇和&滤冰　酒杯：高球杯　装饰：石榴籽和1片柠檬

具体操作：

1.制作糖浆：将等量的水和糖混合，煮沸至糖溶解；加入石榴汁，然后放进冰箱。

2.调制鸡尾酒：将所有原料放入加冰的调酒壶中，摇和后倒入加了少许冰块的高球杯中，饰以石榴籽和1片柠檬。

马丁米勒玖月陈年金酒

（Martin Miller's 9 Moons）

产品类型：木桶陈酿金酒/现代金酒
原产国：英国—冰岛
酒精度：40%
容量：35 cl
生产方式：传统铜制罐式蒸馏器
植物原料：杜松子，芫荽，白芷，橙皮，柠檬皮，青柠油，鸢尾，决明子，肉豆蔻，甘草，黄瓜。

马丁米勒玖月陈年金酒诞生于1999年，由位于伯明翰附近的兰利酿酒厂生产，用于稀释蒸馏酒的水则来自冰岛，因此冰岛和英国的国旗并排出现在马丁米勒的酒标上。马丁米勒金酒的配方中使用了10种植物原料，柑橘类水果（橙子、柠檬和青柠皮）经过浸渍后与其他植物原料分开蒸馏，然后在混合阶段再加入酒中。这家酿酒厂使用一种大型的传统蒸馏器，这种蒸馏器被取名为安吉拉，已有100多年的历史。

这款金酒需要被送到冰岛陈酿9个月，那里的气候干燥寒冷，适合缓慢的陈酿。酒名中的“玖月”是指在橡木桶中陈酿9个月。每一批酒都出自同一个酒桶。

品鉴记录
香气：柠檬香和杜松子味中伴有一丝香草和木质的气味。
口感：舌尖萦绕柠檬的酸味和香草的甜味。
余味：清新的香脂味中带有木质味。
推荐饮用方式：纯饮。

玖月鸡尾酒（9 Moons）

原料：4 cl（1 1/4液体盎司）马丁米勒玖月陈年金酒
2块冰块

方法：加冰　酒杯：古典杯

具体操作：将金酒直接倒入加了2块冰块的古典杯中。

RADEMON ESTATE
SHORTCROSS
SMALL-BATCH DISTILLERY
DISTILLED WITH PRIDE
Ireland
ALCOHOL
46%
ABV
GIN
APPROVED BY DISTILLER

短十字金酒

（Shortcross）

产品类型：干金酒/现代金酒
原产国：英国/北爱尔兰
酒精度：46%
容量：70 cl

生产方式：卡尔450升铜制蒸馏器和两个柱式蒸馏器
植物原料：已知的植物包括杜松子，芫荽，橙皮，决明子，野生三叶草，接骨木花和接骨木果，青苹果。

拉德蒙酒庄（Rademon Estate Distillery）在生产短十字金酒时，特别重视产品的蒸馏系统。该系统由德国卡尔公司生产的450升传统壶式蒸馏器和2个蒸馏柱组成，每个蒸馏柱配有7个泡罩板，能够将回流量调整到合适的水平。这样的系统蒸馏出的液体纯净而轻盈。短十字金酒诞生于2012年，产品创意来自菲奥娜（Fiona）和大卫·博伊德·阿姆斯特朗（David Boyd-Armstrong）夫妇。这款金酒中含有三叶草、接骨木和青皮果，其中三叶草是爱尔兰的象征，赋予了这款酒草本的底色。它与酒中的接骨木果以及青苹果一起，为爱尔兰绿献上了一首颂歌。该产品线下还生产一款木桶陈酿金酒和一些限量版金酒。

品鉴记录
香气：微妙的香脂味，水果和接骨木花的香气。
口感：酒体丰满，伴有苹果和接骨木花的味道，草药香中带有丝丝杜松子味。
余味：悠长顺滑。
推荐饮用方式：加入接骨木花发烧树汤力水调制金汤力，饰以一片薄荷叶。

9小时账单鸡尾酒（9 Hour Bill）

原料：35毫升（1 1/6液体盎司）短十字金酒　10毫升（1/3液体盎司）金巴利酒
20毫升（2/3液体盎司）橙汁　10毫升（1/3液体盎司）柠檬汁
10毫升（1/3液体盎司）糖浆　15毫升（1/2液体盎司）蛋清

方法：不加冰摇和；摇和&滤冰　酒杯：鸡尾酒杯　装饰：橙皮扭条

具体操作：将原料放入不加冰的调酒壶中摇和；加入冰块，再次用力摇和后倒入冰镇的鸡尾酒杯中，用橙皮扭条装饰。

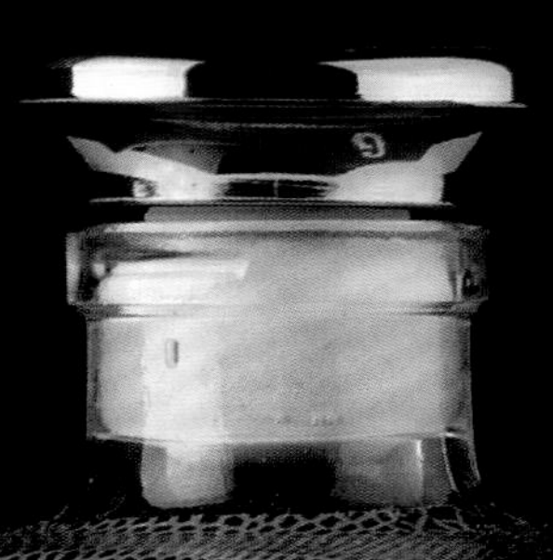
SKIN
GIN
HANDCRAFTED
GERMAN
DRY GIN
500 ML | 42% VOL.
Germany

金丝巾金酒

（Skin gin）

产品类型：干金酒/现代金酒
原产国：德国
酒精度：42%
容量：70 cl

生产方式：荷尔斯泰因铜制蒸馏器
植物原料：杜松子，越南芫荽，摩洛哥薄荷，青柠，橙子，柠檬和葡萄柚皮。

金丝巾金酒的产品创意来自丹麦商人马丁·伯克·詹森（Martin Birk Jensen），第一瓶金酒的生产在2015年，但筹备工作在更早就开始了。设计师马蒂亚斯·瑞施（Mathias Rüsch）对产品的包装进行了精心的设计，一身独特的“皮肤”（skin），不仅与品牌名称（Skin Gin）相互照应，也给人一种非凡的触感体验。任何顾客都可以联系该公司，定制一瓶属于自己的金酒。配方中的四种柑橘类水果以及新鲜的薄荷和芫荽提升了酒的口感。每一种植物原料都需要在两种荷尔斯泰因蒸馏器中单独蒸馏，然后混合稀释得到最终成品。

品鉴记录
香气：清新的薄荷香，浓郁的葡萄柚酸味。
口感：柔和的杜松叶，四种不同的柑橘类水果的酸味，还有芫荽和新鲜薄荷的味道。
余味：悠长复杂而清新。
推荐饮用方式：加入橙皮扭条调制金汤力，饰以一枝迷迭香。

金酒热托地（Gin Hot Toddy）

原料：40毫升（1 1/4液体盎司）丝巾金酒　25毫升（2/3液体盎司）柠檬汁
60毫升（2液体盎司）热水　5毫升（1/6液体盎司）蜂蜜

方法：兑和　酒杯：茶杯　装饰：肉桂枝

具体操作：将蜂蜜倒入杯中，接着加入金酒、柠檬和热水，搅拌至蜂蜜溶解；饰以肉桂枝。

植物学家金酒

（The Botanist）

产品类型：干金酒/现代金酒
原产国：英国/苏格兰
酒精度：46%
容量：70 cl
生产方式：罗蒙德铜制蒸馏器

植物原料：白芷根，苹果薄荷，桦树叶，香杨梅，决明子，洋甘菊，肉桂，芫荽，田蓟，接骨木花，荆豆，帚石楠，山楂，杜松子，蓬子菜，柠檬，甘草，绣线菊，橙皮，鸢尾草，胡椒薄荷，艾叶，红三叶草，欧洲没药，艾菊，百里香，水薄荷，白三叶草，鼠尾草。

植物学家金酒由著名的布鲁莱迪酒厂（Bruichladdich Distillery）生产，酒厂坐落于盛产泥煤味威士忌的艾拉岛上。

该酒厂使用罗蒙德蒸馏器进行蒸馏，这种蒸馏器原先被英佛里文酒厂（Inverleven）用来生产威士忌，是传统蒸馏器和现代蒸馏柱的结合。罗蒙德蒸馏器形状怪异，曾被苏格兰记者汤姆·莫顿（Tom Morton）描述为“一个倒置的大型铜制垃圾桶”，因为它不够优雅，酿酒厂称它为“丑女贝蒂”。这款金酒的蒸馏过程非常缓慢：初次加热不需达到蒸馏的温度，这时需要严格地按顺序加入一些植物原料，并让他们浸渍约12小时；接着继续提高温度，使蒸汽通过蒸馏器上层的其他植物。酒标上的数字22明确表明了植物的数量，原料中的13种植物采自艾拉岛，其中还包括里一种苏格兰独有的植物——“香杨梅”。

品鉴记录
香气：薄荷脑的香气，柑橘类水果的香味和花香。
口感：火辣顺滑，柔和的杜松味中伴有柑橘类水果的味道。
余味：清新，海洋的味道和香脂味。
推荐饮用方式：加入淡味美思调制马提尼鸡尾酒。

白色尼格罗尼鸡尾酒（White Negroni）

原料：30毫升（1液体盎司）植物学家金酒
60毫升（2液体盎司）好奇美国人味美思（Cocchi Americano）
15毫升（1/2液体盎司）路萨朵黑樱桃利口酒（Luxardo Maraschino）
4滴葡萄柚苦味酒

方法：调和&滤冰　酒杯：古典杯　装饰：橙皮片

具体操作：将所有原料放入加冰的调酒杯中，搅拌后倒入加冰的古典杯中，饰以一片橙皮。

PREMIUM GIN
ungava™
CANADIAN
PREMIUM GIN
Rare botanicals from
THE CANADIAN NORTH:
LABRADOR TEA
WILD ROSE HIP
100% NATURAL INGREDIENTS
PRODUCT OF CANADA
43.1%Vol.
ungava
CANADIAN
PREMIUM GIN
70cl 43.1%Vol.
UNGAVA GIN CO.
MONTREAL (QUEBEC) CANADA
www.ungava-gin.com

昂加瓦金酒

（Ungava）

产品类型：当地金酒/现代金酒
原产国：加拿大
酒精度：43%
容量：70 cl
生产方式：蒸馏后将部分植物浸渍
植物原料：杜松子和当地药草，包括格陵兰喇叭茶，熊果，云梅花和野玫瑰。

昂加瓦金酒的名字来源于魁北克北部的海湾，酒中的大部分草药都采集自那里，这些草药使得昂家瓦呈现出独特的黄色。除了杜松子，这款酒中还混合了当地的其他草药和浆果，其中包括一种被当地人称为格陵兰喇叭茶的北极特色品种杜鹃。昂加瓦金酒使用加拿大谷物酿制基酒，蒸馏后加入的药草使酒变成了黄色。

品鉴记录
香气：杜松，柑橘类水果以及新鲜草本的香气。
口感：甘甜，水果味。
余味：清新，香脂味。
推荐饮用方式：用来调制吉普森鸡尾酒。

特色鸡尾酒（Signature Pour）

原料：60毫升（2液体盎司）昂加瓦金酒　半个葡萄柚

方法：兑和　酒杯：古典杯　装饰：葡萄柚扭条

具体操作：挤半个葡萄柚汁到酒杯里，加入大冰块和金酒搅拌，饰以葡萄柚扭条。

威廉姆斯骑士雅金酒

（Williams Chase Elegant）

产品类型：有机苹果蒸馏酒金酒/现代金酒
原产国：英国
酒精度：48%
容量：70 cl
生产方式：马车头400升铜制蒸馏器
植物原料：麦芽，接骨木花，“绿宝”苹果（Bramelyapples），白芷，杜松子和其他原料。

骑士雅金酒的诞生推动了金酒在世界范围内的重生，这款酒也是最先关注基酒原料的金酒之一。蔡斯家族（the Chase family）自2000年起便成为一家马铃薯生产商，他们的产品一般直销给消费者。2008年，蔡斯家族决定建立一家酿酒厂。酒厂生产的第一种酒是马铃薯伏特加，后来酒厂又将这种酒当作基酒生产出了第一瓶金酒。骑士雅金酒使用有机苹果酒作为基酒，用来酿制基酒的苹果与马铃薯来自同一个农场，经过蒸馏柱蒸馏后基础酒精的浓度可达到80%。苹果酒与马铃薯酒的差别显而易见，苹果酒的芳香更加浓郁，酒体更加圆润，还带有一丝柠檬味。蒸馏出1000升酒精需要16吨苹果。蒸馏后的酒精先与水混合，然后在马车头蒸馏器中进行二次蒸馏，这时需要在蒸馏器顶部放置一个篮子，用来从蒸汽中提取出植物油。这款金酒的整个生产过程都在该公司进行，因此产品的酒标上标明了“单一庄园”。骑士金酒品牌下还有一款威廉姆GB金酒，这款酒有两个版本，用马铃薯酿制基酒，并在酒中添加了柑橘类水果（葡萄柚和塞维利亚柑橘）。

品鉴记录
香气：微妙的花香和果香。
口感：顺滑圆润的口感，浓郁的苹果味和杜松的香味。
余味：丰富，持久顺滑。
推荐饮用方式：用来调制金汤力，饰以苹果片。

苹果叶鸡尾酒（The Apple Leaf）

原料：40毫升（1 1/4液体盎司）威廉姆斯骑士雅金酒　10毫升（1/3液体盎司）接骨木花利口酒　12.5毫升（1/3液体盎司）柠檬汁　10毫升（1/3液体盎司）石榴糖浆　20毫升（2/3液体盎司）蛋清

方法：摇和&二次滤冰　酒杯：马提尼杯　装饰：薄荷叶

具体操作：将原料放入加冰的调酒壶中，用力摇和；筛两次，第二次过滤后倒入冰镇的马提尼杯，饰以一小片薄荷叶。

创新型金酒

纪凡花果香金酒（G’Vine Floraison）

玛尔金酒（Gin Mare）

金诺金酒（Ginraw）

亨利爵士金酒（Hendrick’s）

马尔菲金酒（Malfy）

猴王47（Monkey 47）

圣塔玛莉亚四柱金酒（Santamania Four Pillars）

希普史密斯浓郁金酒（Sipmith V.J.O.P.）

想要在不断新增的金酒品牌中立于不败之地有几种方法。现在许多新品牌以一种截然不同的方式进入市场。他们使用从未用过的原料，采用复杂且结构极其完善的生产技术，利用现代化的设备以及打造一个拥有各领域专业人才的酿酒团队，比如时尚、香水或是烹饪领域。这些品牌创新的方式有几种。亨利爵士金酒采用了复杂的生产工艺，酒中独特的黄瓜香是对经典英国野餐三明治的致敬；而玛尔金酒因其地中海特色的优势，成为创新型金酒的奠基石之一。近几年，金酒在创新之路上更进一步，遇到了烹饪等其他领域，例如在生产金诺金酒时使用了厨师手中的罗塔瓦蒸发器（Rotaval）。另外，创新还体现在金酒酿制方法的革新上，比如产自葡萄酒生产地干邑地区的纪凡金酒，使用葡萄酒作为基酒。

G'
VINE
GIN DE FRANCE
G'VINE® • SMALL BATCH DISTILLED GIN • FRANCE
[FLORAISON®]
PRODUCT OF FRANCE
DISTILLED FROM GRAPES
ALC.40% VOL.
700ML

纪凡花果香金酒

（G'Vine Floraison）

产品类型：葡萄酒金酒/创新型金酒
原产国：法国
酒精度：40%
容量：70 cl
生产方式：三种铜制壶式蒸馏器
植物原料：杜松子，生姜，甘草，决明子，小豆蔻，芫荽，肉豆蔻，香胡椒，青柠皮，葡萄藤花。

纪凡金酒的产品创意来自琼·塞巴斯蒂安·罗比克（Jean-Sebastien Robicquet），这个品牌的诞生标志着作为基酒的葡萄蒸馏酒与金酒的初次邂逅。纪凡金酒产自著名的葡萄蒸馏酒生产地——干邑地区。这款金酒除了用葡萄酒作为基酒外，还用葡萄藤花作为植物原料。这些葡萄藤花需要在酒精中浸渍几天，然后使用小型的佛罗伦斯蒸馏器进行蒸馏，而其他的植物原料也需要使用铜制蒸馏器分开蒸馏。接着将所有分开蒸馏出的酒精混在一起，再加入一些葡萄酒后，用名为“百合花”的蒸馏器进行第三次蒸馏。该品牌产品还包括一款纪凡杜松香金酒（G'Vine Nouaison），这款金酒不以鲜花作植物原料，而是使用花谢后刚结出的小果实。

品鉴记录
香气：花香和杜松子的香气。
口感：味干，香脂味和花的香味。
余味：花香萦绕，持久的柠檬味。
推荐饮用方式：用来调制金汤力，饰以一串白葡萄。

葡萄马丁内兹鸡尾酒（Grape Martinez）

原料：45毫升（1 1/2液体盎司）纪凡花果香金酒
30毫升（1液体盎司）红味美思
2 tbsp柠檬汁　1把红葡萄　2.5毫升（1/12液体盎司）糖浆

方法：摇和&滤冰　酒杯：玛格丽特杯　装饰：红葡萄串

具体操作：用杵将葡萄压碎混合；将所有原料放入加冰的调酒壶中，摇晃至少1分钟后倒入冰镇的玛格丽特杯，用一串葡萄装饰。

玛尔金酒

（Gin Mare）

产品类型：地中海金酒/创新型金酒
原产国：西班牙
酒精度：42.7%
容量：70 cl

生产方式：250升佛罗伦斯传统铜制蒸馏器
植物原料：罗勒，百里香，迷迭香，柑橘类水果，杜松子，芫荽，小豆蔻，阿尔贝吉纳橄榄。

玛尔金酒是在金酒发展的第三个世纪里，引领金酒变革的先驱之一。这款以使用地中海植物原料为特色的金酒由一家合资企业于2008年推出，而这家合资企业则由历史悠久的西班牙金酒生产商里博家族（Ribot family）以及一家专门生产高档金酒的公司组建而成。2012年，玛尔金酒推出了标志性的酒瓶，瓶盖还可以用作量杯，短短几年，这款金酒风靡世界各大酒吧。在生产的过程中，需要用到15千克阿尔贝吉纳橄榄，还需将柑橘类水果在浓度为50%的酒精溶液中浸渍一年左右；其他的植物原料则需在酒精中浸泡约36小时，然后使用佛罗伦斯铜制蒸馏器分开蒸馏4小时左右。下一步是将所有分开蒸馏出的酒精混合在一起，接着加入酒精将金酒调至所需的浓度。玛尔金酒中使用的杜松子产自里博家族的农庄。

品鉴记录
香气：地中海植物的香气，主要是百里香和杜松的草本香气。
口感：杜松的香脂味中带有百里香，罗勒和迷迭香的香味。
余味：余味复杂，草本味中带有橄榄和柑橘类水果的香味。
推荐饮用方式：用来调制金汤力，配以一枝百里香。

红海鸡尾酒（Red Sea）

原料：50毫升（1 3/4液体盎司）玛尔金酒　20毫升（2/3液体盎司）香草糖浆　青柠汁（1个青柠）　3片红辣椒　1枝百里香

方法：摇和&滤冰　酒杯：古典杯　装饰：干红辣椒丝

具体操作：将3片鲜辣椒，1枝百里香和青柠汁倒入调酒壶中摇和；在调酒壶中加入其他原料和冰块，用力摇和后过滤两次；第二次过滤后倒入装满碎冰的古典杯中，饰干红辣椒丝。

金诺金酒

(Ginraw)

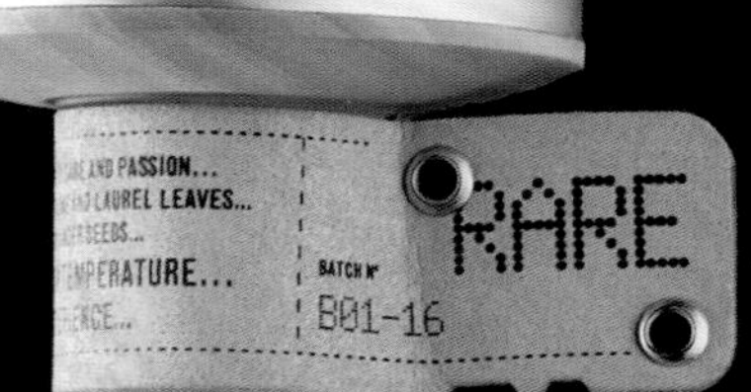

产品类型：美食金酒/创新型金酒
原产国：西班牙
酒精度：42.3%
容量：70 cl
生产方式：传统铜制壶式蒸馏器和罗塔瓦蒸发器
植物原料：杜松子，柠檬，雪松，泰国柠檬叶，黑豆蔻，芫荽，月桂叶。

金诺金酒是两位商人罗杰·伯格斯（Roger Burgues）和路易斯·豪雷吉（Luis Jauregui）的创意之作，他们二人对巴塞罗那有着巨大的热情，多年来一直走在食品研究的前沿——潜心研究分子料理。在饮料行业工作多年后，两位创始人决定组建一个团队，团队成员包括调香师罗森德·马图（Rossend Mateu）、侍酒师塞尔吉·菲格拉斯（Sergi Figueras）、调酒师哈维尔·卡巴莱罗（Javier Caballero）以及主厨萨诺·赛格尔（Xano Saguer），团队组建的目的是利用成员的专业经验和技术优势创造一个极具创新性的产品。这款金酒的生产过程分为两步：第一步是用传统的铜制蒸馏器蒸馏出杜松子味的基础酒精；第二步是在基础酒精中加入通过罗塔瓦蒸发器提取出的产品（罗塔瓦蒸发器被广泛应用于烹饪中，可以在25℃左右的低温下提取油脂）。混合后的成品酒体光滑，香味独特，辨识度极高，保留了酒中所有植物的原始特征。正因为如此，金诺金酒也被定位成美食金酒。

品鉴记录
香气：主要是柠檬酸味和辛辣味。
口感：口感顺滑，每一种植物的味道都很明显，柑橘类水果的味道尤为突出。
余味：清新的草本味，余味复杂而平衡。
推荐饮用方式：用来调制金汤力，饰以澳大利亚青苹果片和姜片。

萨泽拉克珍选鸡尾酒（Rare Sazerak）

原料：60毫升（2液体盎司）金诺金酒　1个糖块
2抖葡萄柚苦酒　芳香喷雾

方法：调和&滤冰　酒杯：玛格丽特杯　装饰：柠檬扭条

具体操作：将所有原料放入加冰的调酒杯中，搅拌至糖溶解，达到所需的温度和稀释程度后倒入冰镇的玛格丽特杯中；喷上你喜欢的芳香喷雾（如甘菊，薰衣草等），饰以柠檬扭条。

亨利爵士金酒

（Hendrick's）

产品类型：干金酒/创新型金酒
原产国：英国
酒精度：41.1%（另有44%版本供给某些市场或者免税店）
容量：70 cl

生产方式：贝内特和马车头传统铜制蒸馏器
植物原料：西洋蓍草，芫荽，杜松子，洋甘菊，孜然籽，山苍子，接骨木花，橙皮，柠檬皮，白芷根，鸢尾根。最后一步加入黄瓜萃取液和保加利亚大马士革玫瑰花瓣。

1966年，格兰菲迪和巴尔维尼酒厂的创始人威廉·格兰特的曾孙查尔斯·戈登在一次拍卖会上买下了用来生产金酒的传统马车头蒸馏器和贝内特蒸馏器，这两台蒸馏器自1760年起便活跃在行业内，是伦敦东部的资深酿酒师马歇尔·塔普洛（Marshall Taplow）的所有物。1999年，格文酿酒厂（Girvan distillery）开始使用这两台蒸馏器生产亨利爵士金酒，金酒的名字由查尔斯·戈登的母亲所取，因为她希望以此送给为她照料玫瑰花的园丁一份礼物。亨利爵士的生产过程相当复杂：先用两种蒸馏器对两份同样的植物原料分别蒸馏，再将所得的两种蒸馏酒混合在一起。至于混合的比例，则是酒厂严守的秘密。贝内特蒸馏器生产出的蒸馏酒香气更为浓郁，杜松、柠檬和植物根茎的土壤香气尤为突出；而通过蒸汽灌输植物篮，马车头蒸馏器生产出的蒸馏酒酒体更加轻盈，花香更为浓烈。将两种烈酒混合达到所需的酒精浓度后，还需在酒中加入黄瓜萃取液和玫瑰花瓣精华。

品鉴记录
香气：花香，草本味和新鲜的柑橘类水果味。
口感：口感顺滑，带有柑橘类水果的味道和甜味。
余味：余味悠长，萦绕的花香中带有黄瓜的清香。
推荐饮用方式：用来调制金汤力，饰以一片黄瓜。

午前气泡鸡尾酒（Forenoon Fizz）

原料：60毫升（2液体盎司）亨利爵士金酒　15毫升（1/2液体盎司）君度酒　30毫升（1液体盎司）柠檬汁　1大匙橙子果酱　香槟

方法：摇和&滤冰　酒杯：笛形杯　补充饮料：香槟　装饰：烤白面包片

具体操作：将金酒、果酱、柠檬和君度酒放入不加冰的调酒壶中，摇晃直至果酱完全溶解；加冰，用力摇和后倒入笛形杯中；补满香槟，饰以一片三角形烤白面包片。

MALFY
G.Q.D.I.
GIN
CON LIMONE
ITALY
MALFY
G.Q.D.I.
GIN GIN
QUALITÀ DISTILLATO ITALIA MALFY GIN
CON LIMONE
(ITALY)
70 CLe
41% VOL
G.Q.D.I.

马尔菲金酒

（Malfy）

产品类型：干金酒/创新型金酒
原产国：意大利
酒精度：41%
容量：75 cl

生产方式：钢制真空蒸馏器
植物原料：杜松子，柠檬，还有包括决明子，芫荽和白芷在内的其他5种原料。

马尔菲金酒由都灵市郊蒙卡列里的一家酿酒厂生产，这家酒厂曾为一家大型国际集团所有，其历史可追溯到1906年。1992年，时任施格兰公司技术总监的卡罗·维格纳诺（Carlo Vergnano）创办了都灵酿酒厂，并将其打造成为专门生产优质利口酒和蒸馏酒的工厂。由于首家酒厂大获成功，卡罗创办了第二家工厂，主要生产白兰地，特别是木桶陈酿白兰地。在蒸馏过程中，要先将柠檬皮和柠檬汁与其他植物一起在酒精中浸渍，然后在低温下真空蒸馏约4小时。蒸馏的温度低于60℃时，植物的油脂和芳香几乎可以完整地保留到成品中。2016年，玛尔菲金酒问世并大规模生产。

品鉴记录
香气：极其浓郁的柠檬和杜松子味。
口感：平衡的杜松子和柠檬味。
余味：清新，芳香持久。
推荐饮用方式：用来调制尼格罗尼鸡尾酒或马提尼。

蜂之膝鸡尾酒（Bee's Knees）

原料：60毫升（2液体盎司）马尔菲金酒　30毫升（1液体盎司）柠檬汁　30毫升（1液体盎司）蜂蜜糖浆

方法：摇和&滤冰　酒杯：碟形杯　装饰：柠檬扭条

具体操作：先在蜂蜜中加水搅拌至完全溶解，制作出蜂蜜糖浆；接着将所有原料放入加冰的调酒壶中，摇和后倒入冰镇的碟形杯，饰以一根柠檬扭条。

猴王47
（Monkey 47

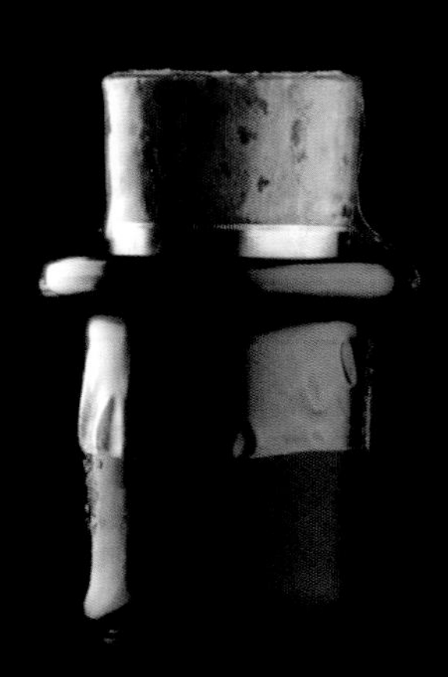

产品类型：干金酒/创新型金酒
原产国：德国
酒精度：40%
容量：50 cl
生产方式：荷尔斯泰因铜制壶式蒸馏器
植物原料：47种植物，包括6种胡椒，金合欢，菖蒲，杏仁，白芷，苦橙，黑莓，小豆蔻，决明子，洋甘菊，肉桂，柠檬马鞭草，丁香，芫荽，蔓越莓，香胡椒，犬蔷薇，接骨木花，生姜，摩洛哥豆蔻，山楂，黄葵，朱槿，金银花，茉莉，泰国柠檬，薰衣草，柠檬，蜜蜂花，香茅，甘草，蔓越莓，美国薄荷，肉豆蔻，鸢尾，西班牙椒，柚子，玫瑰果，鼠尾草，野生黑刺李，云杉。

猴王47金酒产自黑森林地区，因此又被称为黑森林（Swartzwald）干金酒，酒名中的数字47代表了酒中植物原料的数量。酒厂坐落在一家老磨坊内，由亚历山大·斯坦（Alexander Stein）和酿酒大师克里斯托夫·凯勒（Christoph Keller）共同创办。2008年，猴王47金酒一经推出，便因其复杂的配方成为市场上最具创新性的产品之一。因为这款金酒的成功，酒厂扩建出了一个可以容纳4个铜制蒸馏器的蒸馏室。产品在生产时，要先将蔓越莓浸渍在糖蜜蒸馏液中约2周，然后加入橙子浸渍2天，接着加入湿润的克罗地亚杜松子和大部分的其他植物原料。剩下的植物则用袋子装好放入蒸馏器中，然后进行蒸汽提取。蒸馏出的烈酒需要在陶土罐中静置3个月，因此最终的成品并不完全澄清。这款金酒的限量版“酿酒师的切割”每年推出一次，每次都使用不同的配方。

品鉴记录
香气：先是薰衣草、鲜花、香料和柑橘类水果的香气，然后平缓地变为辛辣味和一种花香。
口感：杜松、薄荷和松树的香脂味，随后是柑橘类水果的味道和花香。
余味：余味悠长，温热辛辣。
推荐饮用方式：纯饮或加冰。

47猴王鸡尾酒（47 Monkeys）

原料：50毫升（1 3/4液体盎司）猴王47金酒　30毫升（1液体盎司）鲜柠檬汁　20毫升（2/3液体盎司）红葡萄糖浆　5毫升（1/6液体盎司）修道院绿酒　3片鼠尾草叶

方法：摇和&二次滤冰　酒杯：高球杯　装饰：泰国柠檬或青柠叶

具体操作：将所有原料放入加冰的调酒壶中，摇和后过滤倒入加冰的高球杯中，饰以泰国柠檬或青柠叶。

圣塔玛莉亚四柱金酒

（Santamania Four Pillars）

产品类型：葡萄酒金酒/创新型金酒
原产国：西班牙/澳大利亚
酒精度：40%
容量：70 cl
生产方式：卡尔铜制蒸馏器
植物原料：杜松子，柯尼卡布拉橄榄，迷迭香，香草，杏仁，澳大利亚香桃木，野生澳大利亚西红柿，山胡椒。

圣塔玛莉亚四柱金酒的生产是一次海洋航行，产品创意来自两个品牌的合作：欧洲品牌圣塔玛莉亚（Santamania）和澳大利亚品牌四柱（Four Pillars）。四柱品牌的酿酒大师卡梅隆·麦肯齐（Cameron Mackenzie）带着他从澳大利亚带回的植物从墨尔本飞往马德里，投入到金酒的生产中。这款产自西班牙的金酒由伊比利亚半岛上唯一的城市酿酒厂——圣塔玛莉亚酒厂生产。产品的一大特色便是使用西班牙葡萄酿制的蒸馏酒为基酒。圣塔玛莉亚酒厂使用两台分别叫作洛拉（Lola）和维拉（Vera）的卡尔铜制蒸馏器以及一个精馏柱，每次小批量生产最多800瓶金酒。圣塔玛莉亚还生产伦敦干金酒，木桶陈酿金酒以及两种不同类型的伏特加。

品鉴记录
香气：浓郁的草本辛辣味。
口感：口感顺滑，带有香草味和葡萄酒中的甜味，所有植物原料的味道达到平衡。
余味：余味悠长，顺滑辛辣。
推荐饮用方式：用来调制金汤力，饰以一枝迷迭香。

迷迭香琴蕾鸡尾酒（Rosemary gimlet）

原料：60毫升（2液体盎司）圣塔玛莉亚四柱金酒
25毫升（2/3液体盎司）青柠汁
25毫升（2/3液体盎司）迷迭香糖浆

方法：摇和&调和　酒杯：碟形香槟杯　装饰：青柠片

具体操作：

1.制作迷迭香糖浆：将等量的水和糖混合，加入切碎的迷迭香后加热，偶尔搅拌；待其冷却后倒入容器，放进冰箱。

2.调制鸡尾酒：将所有原料放入加冰的调酒壶中，摇晃约30秒后倒入冰镇的碟形香槟杯中，饰以一片青柠。

SIPSMITH®
independent spirits

SIGNATURE EDITION SERIES
V.J.O.P.
Handcrafted by master distiller:
70cl ℮
57.7% vol

希普史密斯浓郁金酒
（Sipmith V.J.O.P.）

产品类型：海军力量金酒/创新型金酒
原产国：英国
酒精度：57.7%
容量：70 cl

生产方式：卡尔铜制柱式蒸馏器
植物原料：马其顿杜松子和其他未标明的植物原料。

希普史密斯浓郁金酒（Very Juniper Over Proof，V.J.O.P）是希普史密斯品牌推出的酒精含量最高，马其顿杜松子香气最浓郁的金酒。希普史密斯是第一家在伦敦创办超过两个世纪的新酿酒厂，酒厂使用铜制蒸馏器进行传统的蒸馏并向公众开放。蒸馏大师贾里德·布罗（Jared Brow）决定用三种技术从杜松子中提取精油：酒精浸渍，蒸馏时浸泡以及使酒精蒸汽通过蒸馏器上部放置的容器进行蒸汽提取。该品牌的产品还包括伦敦干金酒，黑刺李金酒，重现历史传统的柠檬风味金酒以及酒精浓度为29.5%的含有伯爵茶的伦敦杯金酒。此外，该品牌还生产一款伏特加。

品鉴记录
香气：先以杜松的香气为主，随后是雪松的香气
口感：味甜，清新的杜松子味道和平衡的针叶味。
余味：顺滑，持久的芫荽和甘草味。
推荐饮用方式：用来调制琴蕾鸡尾酒。

在波士顿邂逅普鲁登斯
（Boston Meet Prudence）

原料：40毫升（1 1/4液体盎司）希普史密斯浓郁金酒　25毫升（2/3液体盎司）帕洛柯勒达多雪莉酒　15毫升（1/2液体盎司）甜型的红味美思　3抖菲奈特布兰卡酒
方法：调和&滤冰　酒杯：马提尼杯　装饰：橙子扭条

具体操作：将所有原料放入调酒杯中，搅拌后倒入冰镇的马提尼杯中，饰以一个橙子扭条。

鸡尾酒

飞行鸡尾酒
（Aviation）

吉普森鸡尾酒
(Gibson)

百优鸡尾酒
（Bÿou）

琴蕾鸡尾酒
（Gimlet）

三叶草俱乐部鸡尾酒
（Clover club）

金酒罗勒碎鸡尾酒
（Gin basil smash）

死而复生No.2鸡尾酒
（Corpse Reviver No.2）

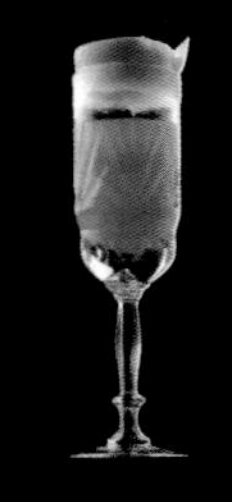

金酒糖边鸡尾酒
（Gin Crusta）

法兰西75鸡尾酒
（French 75）

金酒茱莉普鸡尾酒
（Gin Julep）

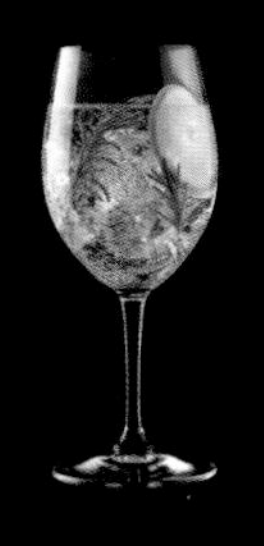

金汤力

（Gin&Tonic）

尼克罗尼
鸡尾酒

（Negroni）

翻云覆雨
鸡尾酒

（Hanky Panky）

佩谷俱乐部
鸡尾酒

（Pegu Club）

茉莉鸡尾酒

（Jasmine）

拉莫斯金菲士
鸡尾酒

（Ramos gin Fizz）

临别一语
鸡尾酒

（Last Word）

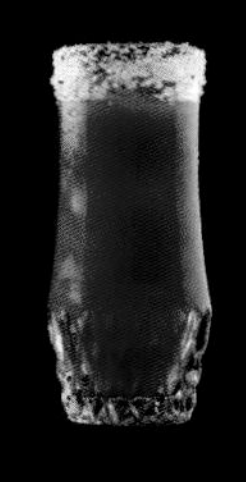

红鲷鱼鸡尾酒

（Red Snapper）

马提尼鸡尾酒

（Martini Cocktail）

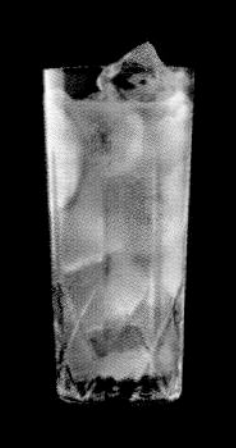

汤姆柯林斯

（Tom Collins）

飞行鸡尾酒
（Aviation）

原　料

60毫升（2液体盎司）金酒
20毫升（2/3液体盎司）柠檬汁
7毫升（1/5液体盎司）紫罗兰酒
5毫升（1/6液体盎司）黑樱桃利口酒

方法：摇和&滤冰　酒杯：玛格丽特杯
装饰：樱桃

具体操作

把原料放进加冰的调酒壶里，摇和后倒入玛格丽特杯中，饰以一颗樱桃。原料中的紫罗兰酒也可不用，因为它已经从市场上消失了很长一段时间。按这个配方，你可以调出一杯干鸡尾酒。如果你想要甜味重一些，可以多加些紫罗兰酒或糖浆，但要小心剂量。这个配方是《萨伏伊鸡尾酒书》中的一个经典鸡尾酒配方。

百优鸡尾酒
（Bÿou）

原　料

30毫升（1液体盎司）金酒
30毫升（1液体盎司）红味美思
30毫升（1液体盎司）修道院绿酒
1抖橙味苦酒

方法：调和&滤冰　酒杯：马提尼杯
装饰：柠檬皮片

具体操作

将原料放入加冰的调酒杯中，搅拌后倒入冰镇的马提尼杯，饰以一片柠檬皮。这是来自19世纪的一种经典鸡尾酒，酒名是指宝石的颜色：金酒是钻石，味美思是红宝石，修道院绿酒是翡翠。有一些配方中也会使用修道院黄酒，但根据《饮酒》（*Imbibe*）杂志和研究人员大卫·万德瑞奇（David Wondrich）的说法，只有使用绿酒在逻辑上才说得通，因为翡翠是绿色的。这个配方中最好使用单一的干金酒。

三叶草俱乐部鸡尾酒
（Clover club）

原　料

50毫升（1 3/4液体盎司）金酒
20毫升（2/3液体盎司）柠檬汁
15毫升（1/2液体盎司）好奇美国人味美思或利莱白开胃酒
15毫升（1/2液体盎司）覆盆子糖浆（125克或4 1/2盎司覆盆子，100克或3 1/2盎司糖，100毫升或3 1/4液体盎司水）
1个蛋清

方法：干摇，摇和&滤冰
酒杯：玛格丽特杯
装饰：覆盆子

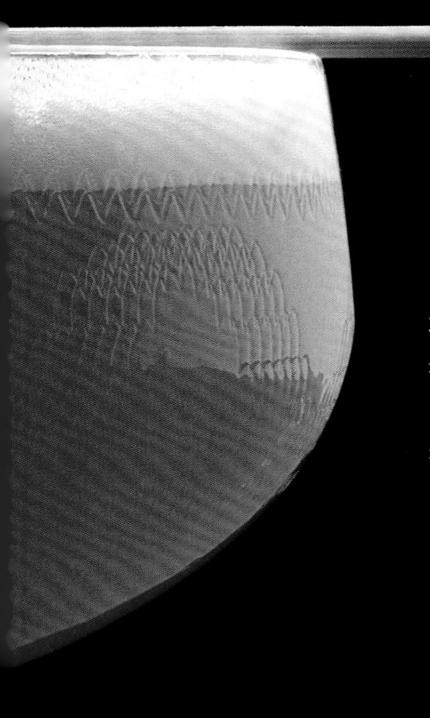

具体操作

将原料放入不加冰的调酒壶中摇晃；加冰摇和后倒入冰镇的玛格丽特杯子中，饰以覆盆子。也可采用反向摇和&滤冰手法，摇和后将饮料倒入不加冰的调酒杯中，再摇几秒后倒入玛格丽特杯中。

死而复生No.2鸡尾酒
（Corpse Reviver No.2）

原　料

20毫升（2/3液体盎司）金酒　20毫升（2/3液体盎司）利莱白开胃酒
20毫升（2/3液体盎司）柠檬汁　20毫升（2/3液体盎司）库拉索酒
2抖苦艾酒

方法：摇和&滤冰　酒杯：玛格丽特杯
装饰：柠檬皮片

具体操作

将原料放进加冰的调酒壶中，摇和后倒入玛格丽特杯子中，饰以一片柠檬皮。调酒时最好使用干金酒。这个配方是《萨伏伊鸡尾酒书》中的一个经典鸡尾酒配方。

法兰西75鸡尾酒
（French 75）

原　料

40毫升（1 1/4液体盎司）金酒　15毫升（1/2液体盎司）柠檬汁
7.5毫升（1/4液体盎司）糖浆（水糖比例为1：1）

方法：摇和&滤冰
酒杯：笛形香槟杯
补充材料：香槟
装饰：樱桃

具体操作

将原料放进加冰的调酒壶中，摇和后倒入笛形香槟杯中；补满香槟，饰以樱桃或柠檬皮。这款鸡尾酒是汤姆柯林斯的变化版，用香槟代替了苏打水。这款酒一般盛放在笛形香槟杯中，但柯林斯杯也是个不错的选择。

吉普森鸡尾酒
（Gibson）

原　料

60毫升（2液体盎司）金酒
1长匙干味美思

方法：调和&滤冰
酒杯：马提尼杯
装饰：腌洋葱

具体操作

将原料放进加冰的调酒杯，搅拌后倒入冰镇的马提尼杯中，饰以腌洋葱。

琴蕾鸡尾酒

（Gimlet）

具体操作

把原料放进加冰的调酒壶，摇和后倒入冰镇的玛格丽特杯中，饰以一片青柠皮。几大品牌都有现成的浓缩青柠汁，但如果能自己准备的话，调制出的鸡尾酒味道会更好。这款鸡尾酒也可通过调和滤冰的手法制作。在日本，经常加入砂糖摇和。

原 料

75毫升（2 1/2液体盎司）金酒
20毫升（2/3液体盎司）柠檬汁
20毫升（2/3液体盎司）浓缩青柠汁

方法：摇和&滤冰　酒杯：玛格丽特杯
装饰：青柠皮片

金酒罗勒碎鸡尾酒

（Gin basil smash）

原　料

50毫升（1 3/4液体盎司）金酒
25毫升（2/3液体盎司）柠檬汁
15毫升（1/2液体盎司）糖浆
（水糖比例为1：1）
4片罗勒叶

方法：摇和&二次滤冰
酒杯：古典杯
装饰：罗勒叶

具体操作

将罗勒放进调酒壶轻轻压碎；加入其他原料，摇和后过滤倒入古典杯中，饰以一片罗勒叶。这款鸡尾酒由汉堡市狮子酒吧的约尔格·梅尔所创，如今已成为一款现代经典鸡尾酒。

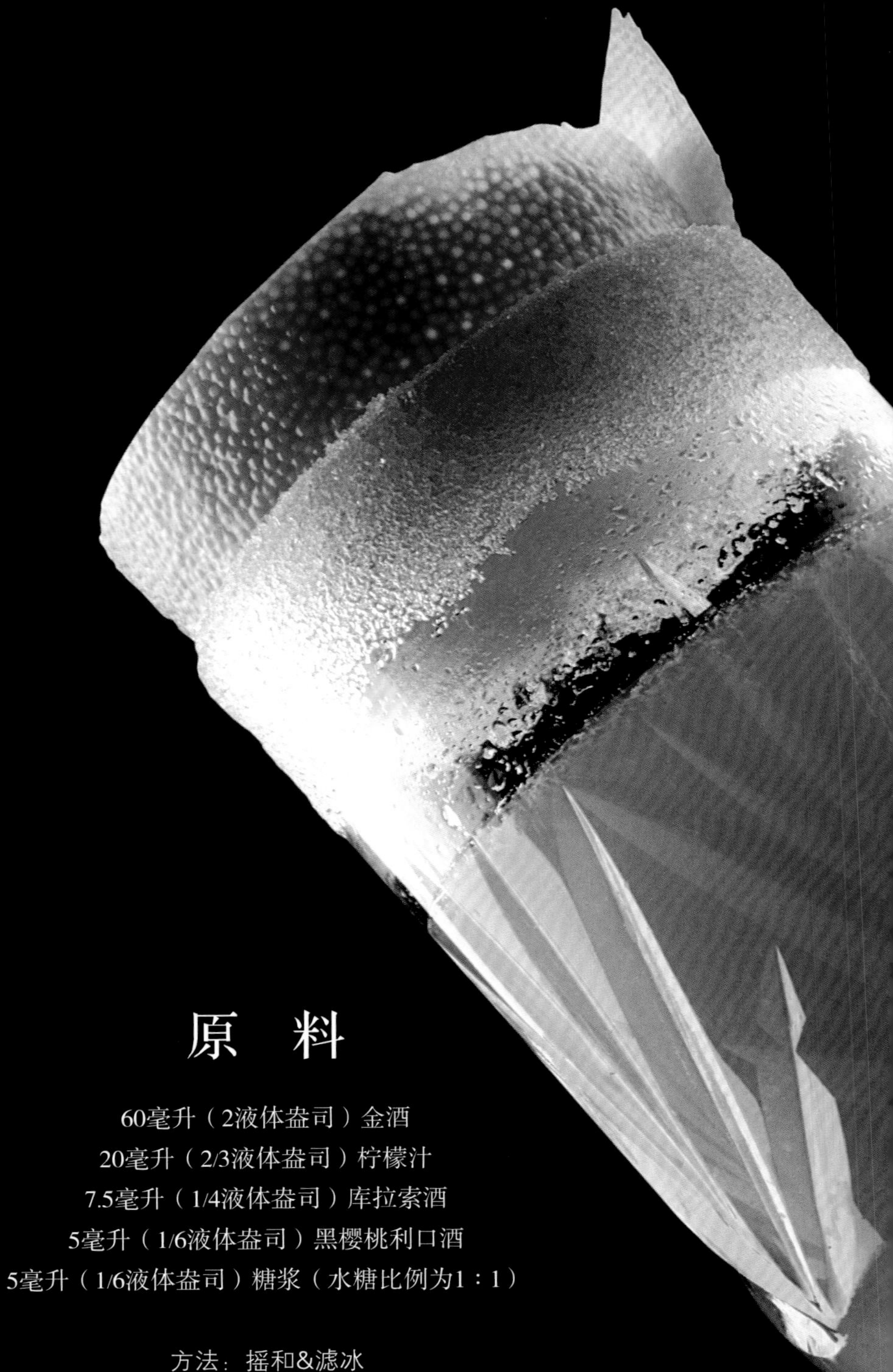

原 料

60毫升（2液体盎司）金酒
20毫升（2/3液体盎司）柠檬汁
7.5毫升（1/4液体盎司）库拉索酒
5毫升（1/6液体盎司）黑樱桃利口酒
5毫升（1/6液体盎司）糖浆（水糖比例为1：1）

方法：摇和&滤冰
酒杯：郁金香杯
装饰：糖边和一片橙皮

金酒糖边鸡尾酒

（Gin Crusta）

具体操作

将原料放进调酒壶，摇和后倒入杯口粘了一圈糖边的郁金香杯，饰以一片橙皮。

金酒茱莉普鸡尾酒
（Gin Julep）

原　料

60毫升（2液体盎司）金酒
1个糖块
5抖安格斯图拉苦精
5片薄荷叶
苏打水

方法：兑和
酒杯：平脚杯/小锡杯
装饰：1枝薄荷，干橙片

具体操作

用几滴安哥斯图拉苦精弄湿糖块后，将糖块放进一个不锈钢杯里，当然最好是小锡杯；向杯中加入薄荷，并倒入少许苏打水至糖块溶解；加入碎冰和金酒搅拌；再加一点冰，饰以一枝薄荷叶和一个干橙片。

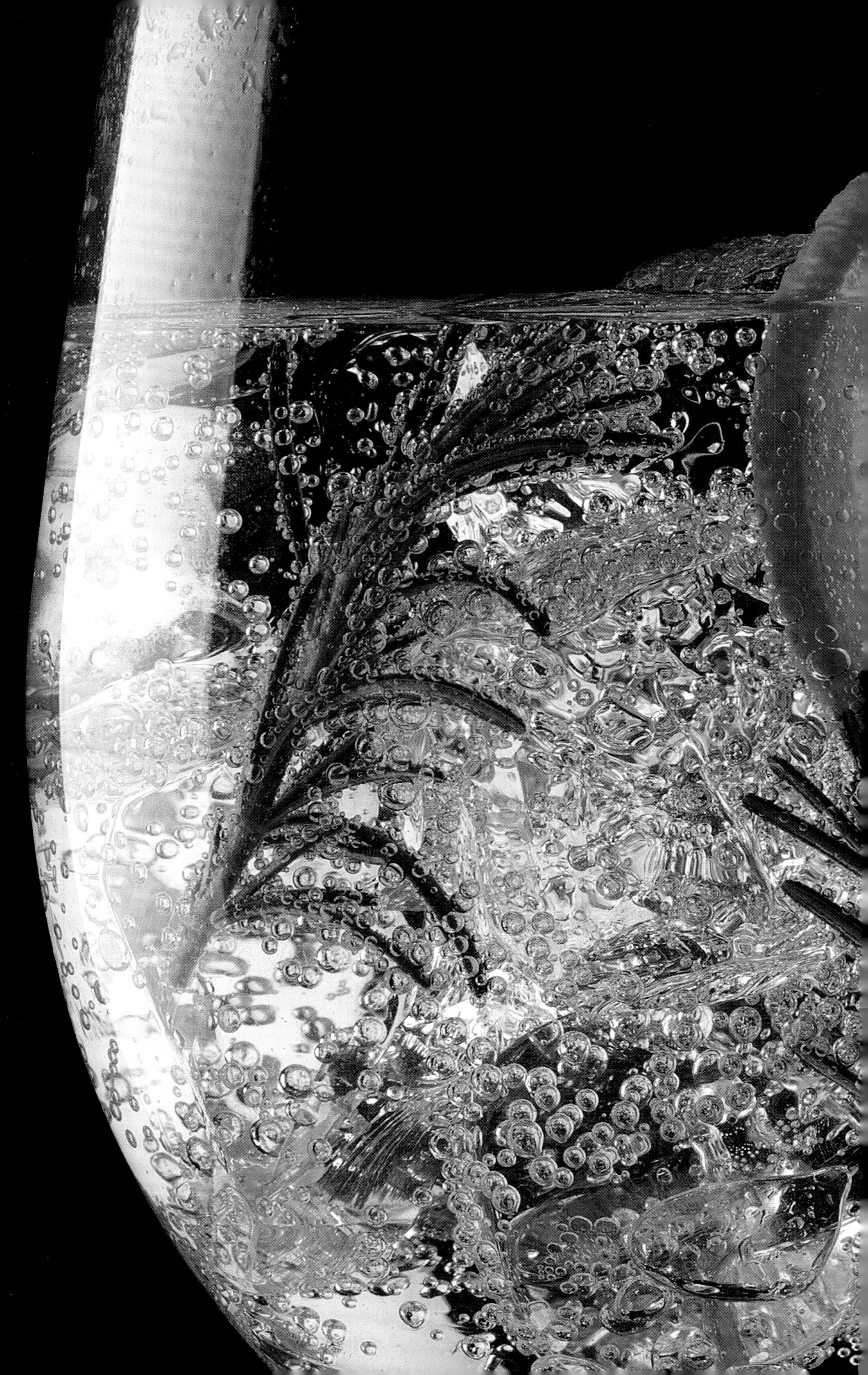

金汤力
（*Gin&Tonic*）

原　料

50毫升（1 3/4液体盎司）金酒
150毫升（5液体盎司）汤力水

方法：兑和
酒杯：高球杯或柯林斯杯
装饰：柠檬皮片

具体操作

将金酒和汤力水倒入盛满冰块的大酒杯中搅拌，比如高球杯或柯林斯杯。可以用一片柠檬皮装饰。使用大的碟形香槟杯可以让金汤力的芳香充分发挥出来。现在比较流行在金汤力中添加一些植物药草。

翻云覆雨鸡尾酒
（Hanky Panky）

原　料

50毫升（1 3/4液体盎司）金酒
30毫升（1液体盎司）红味美思
5毫升（1/6液体盎司）菲奈特布兰卡酒

方法：调和&滤冰
酒杯：玛格丽特杯
装饰：橙皮片

具体操作

把原料放进加冰的调酒杯，搅拌后倒入冰镇的玛格丽特杯，饰以一片橙皮。这款鸡尾酒是萨伏伊酒吧经理艾达·科尔曼（Ada Coleman）创造的经典之作。酒名源于演员查尔斯·豪特瑞品尝这款饮品后发出的感叹。您也可以通过倾倒法调制这款鸡尾酒，也就是将所有原料在两个容器间来回倾倒。

茉莉鸡尾酒
（Jasmine）

原　料

45毫升（1 1/2液体盎司）金酒　20毫升（2/3液体盎司）苦味酒
15毫升（1/2液体盎司）柠檬　15毫升（1/2液体盎司）君度酒

方法：摇和&滤冰　酒杯：玛格丽特杯
装饰：橙皮片

具体操作

把原料放进加冰的调酒壶，摇和后倒入冰镇的玛格丽特杯中，饰以一片柠檬皮。这款鸡尾酒创造于20世纪90年代中期的加利福尼亚州，可用来作开胃酒。

临别一语鸡尾酒
（Last Word）

原　料

20毫升（2/3液体盎司）金酒　20毫升（2/3液体盎司）修道院绿酒
20毫升（2/3液体盎司）黑樱桃利口酒　20毫升（2/3液体盎司）柠檬

方法：摇和&滤冰　酒杯：三角形鸡尾酒杯
装饰：干青柠片

具体操作

把原料放进加冰的调酒壶，摇和后倒入冰镇的三角形鸡尾酒杯，饰以干青柠片。配方中每种原料的比例相等。如果你喜欢干一点的鸡尾酒，可以减少黑樱桃利口酒的用量。还有一种版本是将修道院黄酒和绿酒混合使用。

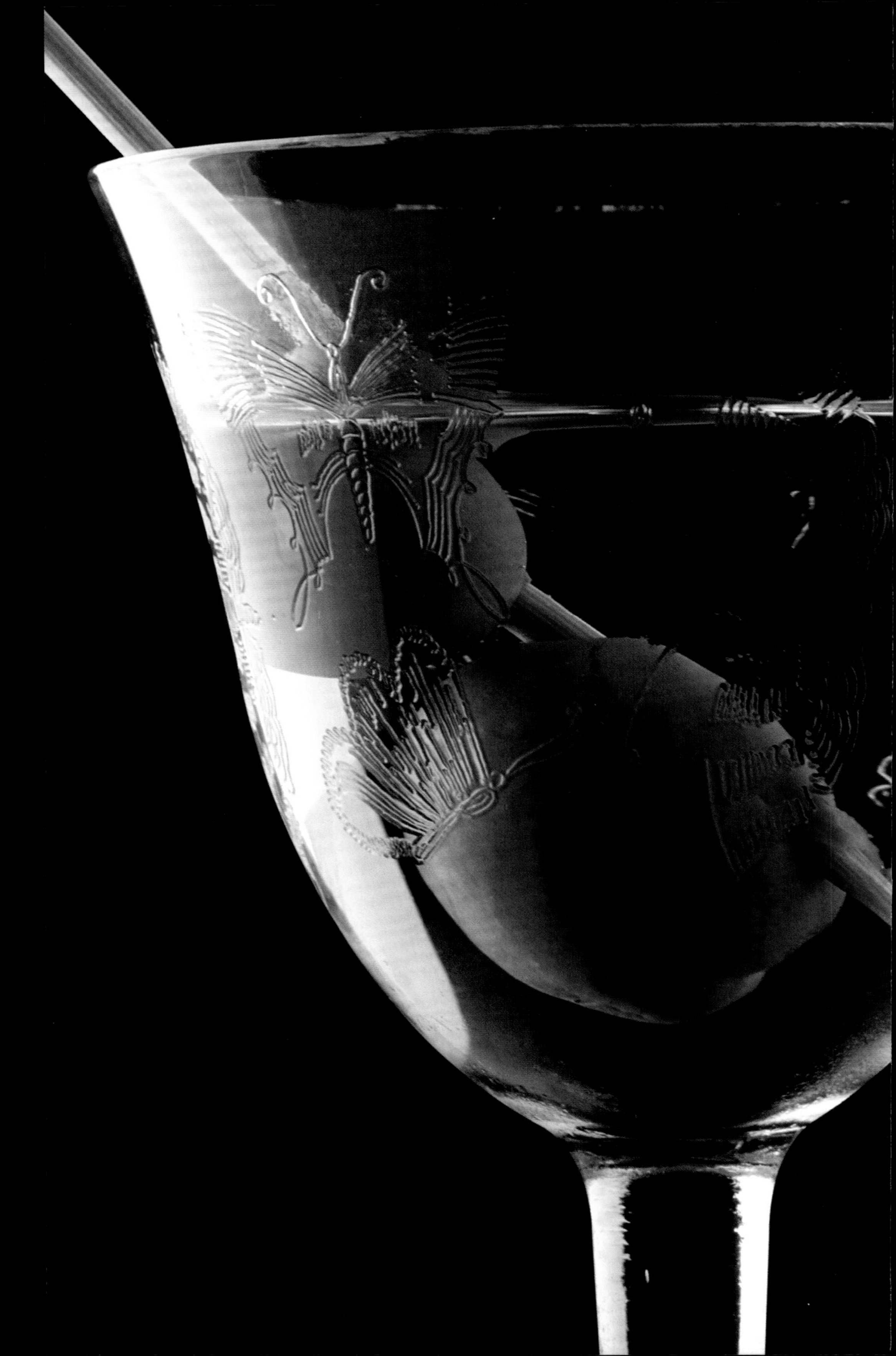

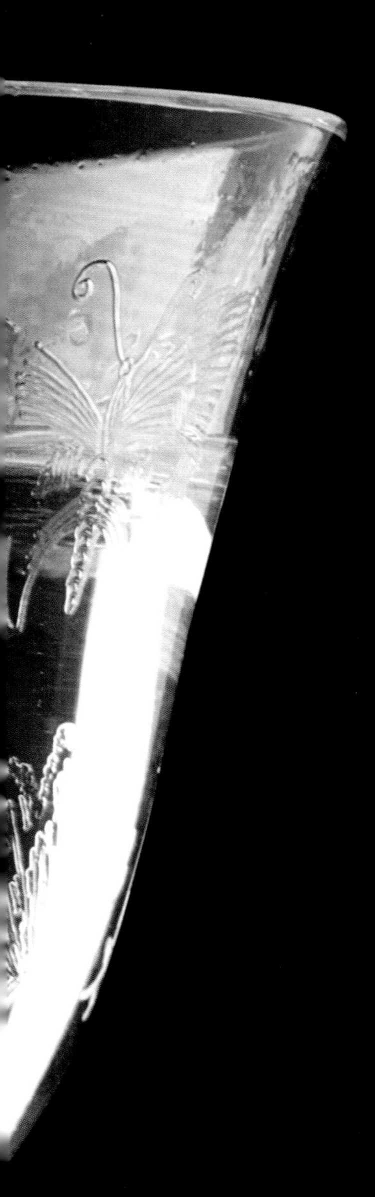

原　料

60毫升（2液体盎司）金酒
1长匙干味美思
1抖橙味苦酒

方法：调和&滤冰
酒杯：马提尼杯
装饰：待品尝的橄榄或柠檬

具体操作

将原料放进加冰的调酒杯，搅拌后倒入冰镇的马提尼杯中，饰以橄榄或柠檬皮。如今调制马提尼时几乎不用味美思，尽管最初的马提尼并不干。在处理干味美思时，通常使用一进一出的调制手法：将味美思倒入加冰的调酒杯中，搅拌后倒掉多余的味美思，然后将其他原料添加到调酒杯中。

马提尼鸡尾酒
（Martini Cocktail）

尼克罗尼鸡尾酒
（Negroni）

原　料

30毫升（1液体盎司）金酒
30毫升（1液体盎司）金巴利苦酒
30毫升（1液体盎司）红味美思
少许苏打

方法：调和&滤冰
酒杯：古典杯
装饰：橙片或柠檬皮片

具体操作

将原料放进加冰的调酒杯，搅拌后倒入古典杯中的冰块上，饰以橙片或柠檬皮片。这款经典鸡尾酒有各种版本，也可以在酒杯中直调，但通过调和&滤冰的手法调制出的酒更加均匀和谐。橙片也可被当作原料，因为它影响了鸡尾酒的风味和香气。

佩谷俱乐部鸡尾酒

（Pegu Club）

原 料

60毫升（2液体盎司）金酒
半个青柠
15毫升（1/2液体盎司）库拉索酒
2抖安格斯图拉苦精
1抖橙味苦酒

方法：摇和&滤冰　酒杯：玛格丽特杯
装饰：青柠皮片

具体操作

将原料放入加冰的调酒壶中，用力摇动，帮助原料氧化后倒入冰镇的玛格丽特杯中，饰以一片柠檬皮。干鸡尾酒爱好者可选择这款。

拉莫斯金菲士鸡尾酒
（Ramos gin Fizz）

原　料

60毫升（2液体盎司）金酒　15毫升（1/2液体盎司）柠檬汁
15毫升（1/2液体盎司）青柠汁　10毫升（1/3液体盎司）糖浆（水糖比例为1：
30毫升（1液体盎司）奶油　30毫升（1液体盎司）蛋清　2～3滴橙花水

方法：摇和&滤冰
酒杯：柯林斯杯或高球杯
补充饮料：30毫升（1盎司）苏打水
装饰：柠檬片

具体操作

将所有原料放进调酒壶，加冰摇动至少2分钟后倒入高球杯中，补满苏打水。在加冰和摇和前，可以先使用卡布奇诺搅拌器打发奶油和蛋清。最后用1片柠檬装饰。

红鲷鱼鸡尾酒
（Red Snapper）

原　料

60毫升（2液体盎司）金酒　90毫升（3液体盎司）番茄汁
15毫升（1/2液体盎司）柠檬　3~5个杜松子
4抖伍斯特沙司　2抖塔巴斯科辣椒酱
2~3撮黑胡椒粉

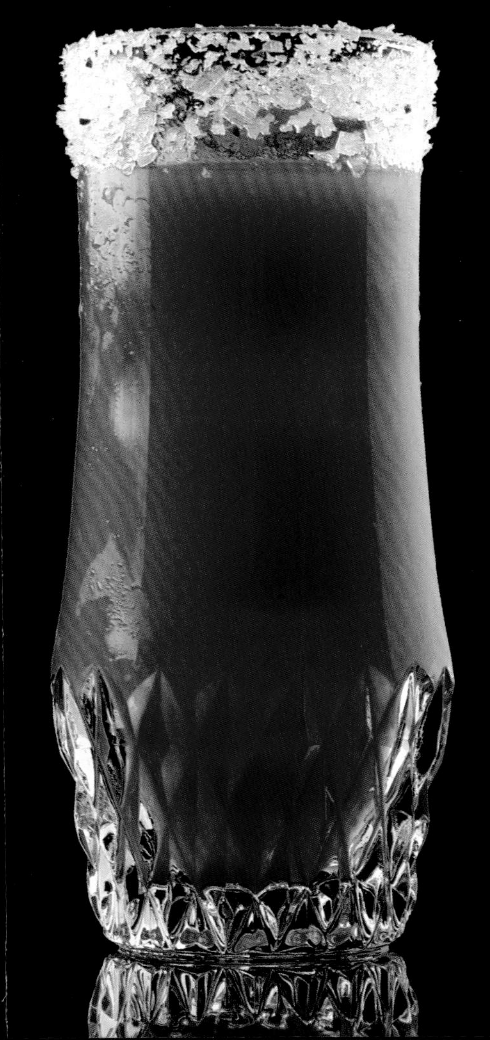

方法：慢慢兑和
酒杯：柯林斯杯或高球杯
装饰：盐边（先用柠檬片均匀擦拭酒杯口，然后粘上一圈盐）

具体操作

先在杯沿粘一圈盐，压碎杜松子后将所有原料直接放入酒杯中；加冰搅拌，直至达到所需的稠度。你也可以用倾倒的手法来调制这款鸡尾酒，也就是将所有原料在两个容器间来回倾倒。

汤姆柯林斯
（Tom Collins）

原　料

50毫升（1 3/4液体盎司）金酒
30毫升（1液体盎司）柠檬汁
15毫升（1/2液体盎司）糖浆（水糖比例为1：1）

方法：摇和&滤冰
酒杯：柯林斯杯
补充饮料：苏打水
装饰：柠檬皮片

具体操作

将原料放进加冰的调酒壶，摇和后倒入柯林斯杯中，补满苏打水，饰以一片柠檬皮。汤姆柯林斯是一种传统的美国鸡尾酒，最初由老汤姆金酒和砂糖摇和而成。调制时也可以直接将原料放入柯林斯杯中，与冰块和苏打水混合后饮用。

原书名：The Spirit of Gin
原作者名：Text by Davide Terziotti and Vittorio D'Alberto
Photographs by Fabio Petroni
Cocktails by Ekaterina Logvinova

著作权合同登记号：图字：01 - 2020 - 2117

图书在版编目（CIP）数据

金酒／（意）戴维德·泰尔齐奥蒂，（意）维托里奥·达尔贝托著；李祥睿，周倩，陈洪华译. --北京：中国纺织出版社有限公司，2020. 10
ISBN 978 - 7 - 5180 - 7583 - 6

Ⅰ. ①金… Ⅱ. ①戴… ②维… ③李… ④周… ⑤陈… Ⅲ. ①外国白酒—基本知识 Ⅳ. ①TS262. 3

中国版本图书馆 CIP 数据核字(2020)第 120578 号

责任编辑:闫　婷　　　　责任校对:王花妮
责任设计:品欣排版　　　责任印制:王艳丽

中国纺织出版社有限公司出版发行
地址:北京市朝阳区百子湾东里 A407 号楼　邮政编码:100124
销售电话:010—67004422　传真:010—87155801
http://www. c-textilep. com
中国纺织出版社天猫旗舰店
官方微博 http://weibo. com/2119887771
北京华联印刷有限公司印刷　各地新华书店经销
2020 年 10 月第 1 版第 1 次印刷
开本:710 × 1000　1/16　印张:9
字数:110 千字　定价:98. 00 元

凡购本书,如有缺页、倒页、脱页,由本社图书营销中心调换

译者的话

本书介绍了金酒的历史、潮流与地理环境，遴选了全世界范围内32种不同风味的金酒作为实例，阐述了金酒的选料、制作、品尝等过程，还诠释了用不同风格的金酒作为基酒的鸡尾酒配方，内容翔实，堪为了解金酒的宝典。本书由扬州大学李祥睿、周倩、陈洪华等翻译，其中参与资料收集的有李佳琪、杨伊然、许志诚、高正祥等。